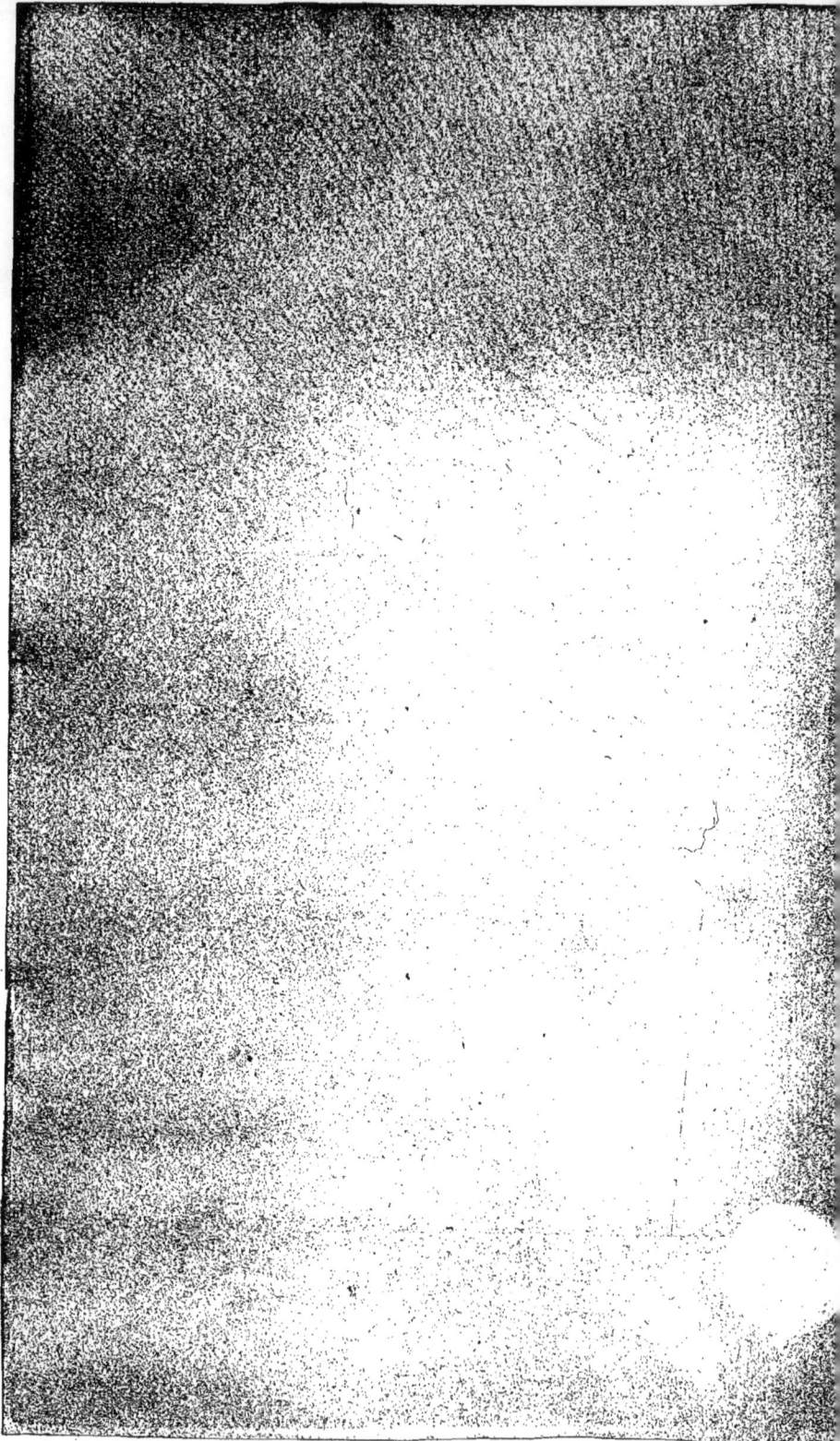

La Graisse de Coco épurée

par

JEAN LAHACHE
DOCTEUR EN PHARMACIE
PHARMACIEN-MAJOR DE 1ᵉ CLASSE EN RETRAITE

ET

FRANCIS MARRE
CHIMISTE-EXPERT PRÈS LA COUR D'APPEL DE PARIS ET LES TRIBUNAUX DE LA SEINE

> Les vérifications analytiques que ce travail
> a comportées ont été effectuées au Laboratoire
> de recherches chimiques du Pavillon de chi-
> rurgie de l'hôpital Sainte-Anne

POITIERS
IMPRIMERIE MAURICE BOUSREZ
1912

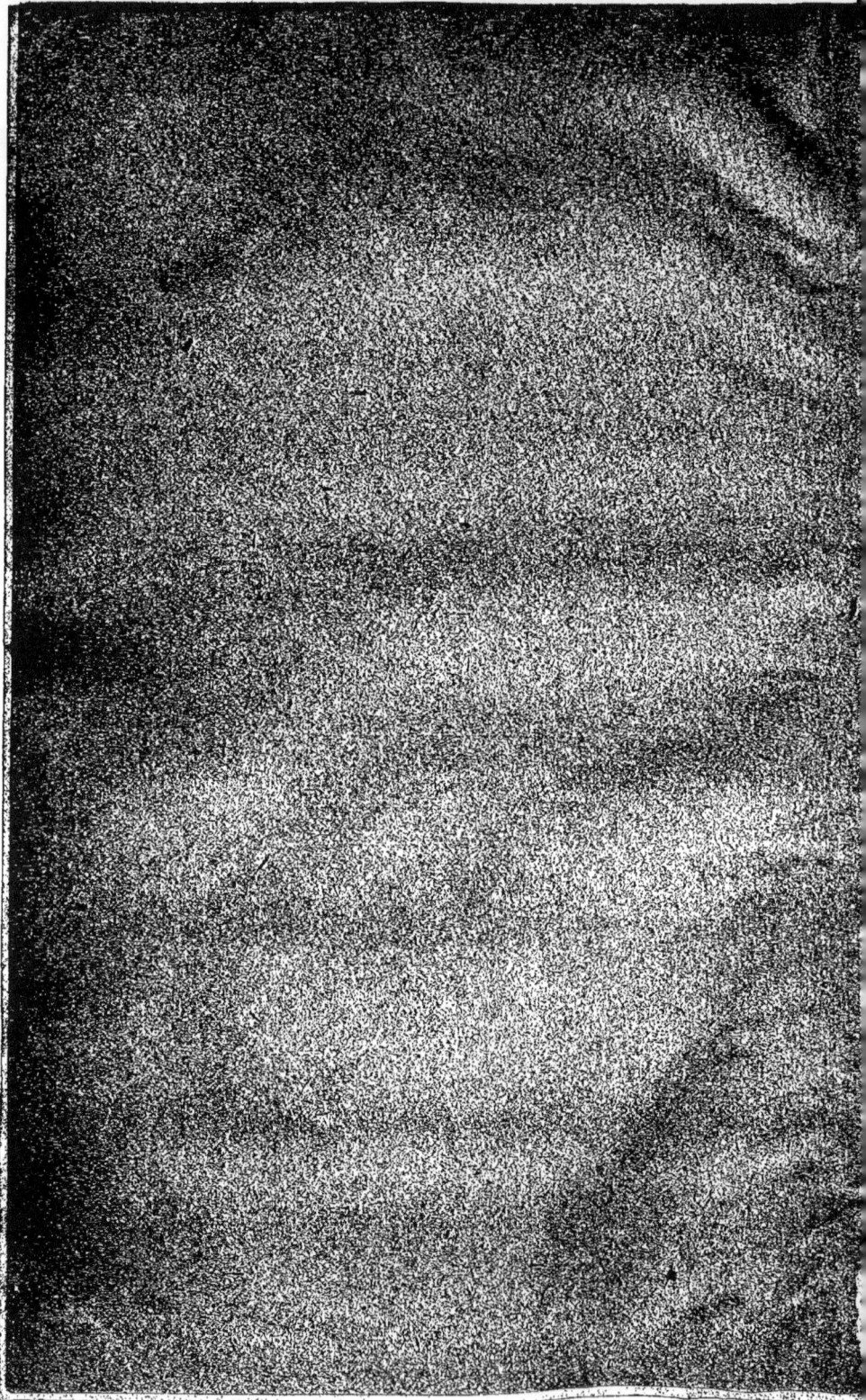

La Graisse de Coco épurée

PAR

Jean LAHACHE

DOCTEUR EN PHARMACIE
PHARMACIEN-MAJOR DE 1re CLASSE EN RETRAITE

ET

Francis MARRE

CHIMISTE-EXPERT PRÈS LA COUR D'APPEL DE PARIS ET LES TRIBUNAUX DE LA SEINE

Les vérifications analytiques que ce travail a comportées ont été effectuées au Laboratoire de recherches chimiques du Pavillon de chirurgie de l'hôpital Sainte-Anne :: :: ::

POITIERS
IMPRIMERIE MAURICE BOUSREZ

—

1912

La Graisse de Coco épurée

ETUDE ÉCONOMIQUE ET CHIMIQUE

SOMMAIRE

V

Détermination des principaux indices

INDICE DE SAPONIFICATION OU DE KÖTTSTORFER.
INDICE DE CRISMER OU TEMPÉRATURE CRITIQUE DE DISSOLUTION.
INDICE DE HEHNER (acides gras fixes).
INDICE D'IODE (Indice de Hubl).
INDICE RÉFRACTOMÉTRIQUE.

VI

Application des méthodes officielles à l'analyse des beurres — Objections — Discussions.

1°

A. ELASTICITÉ DES CONSTANTES DU BEURRE DE VACHE — BEURRES ANORMAUX.

RAPPORT DE MM. COUDON ET ROUSSEAU. CAUSES QUI FONT BAISSER LA TENEUR EN ACIDES VOLATILS DES BEURRES D'AUTOMNE.

CONCLUSIONS DE MM. COUDON ET ROUSSEAU.

Enquête de M. Vuaflart.
Acides volatils solubles et insolubles.
Indice d'iode.
Déviation à l'oléoréfractomètre (Jean et Amagat).
Limites des beurres purs (collège des experts de Liège 1911).
Limites des beurres purs analysés par M. Vuaflart.

B. LES BEURRES ANORMAUX DEVANT L'EXPERTISE ET DEVANT L'HYGIÈNE.

1° BEURRE ANORMAL PAR SUITE DE DISETTE OU DE MAUVAISE NOURRITURE OU DES MAUVAISES CONDITIONS DE L'HABITATION OU DE TRAVAUX EXCES-SIFS.

2° BEURRE ANORMAL PAR SUITE D'ABUS DE FEUILLES DE BETTERAVES.

3° BEURRE ANORMAL PAR SUITE DE L'ALIMENTATION AVEC LE TOURTEAU DE COCO.

C. RÉGULARITÉ DES CONSTANTES DE LA GRAISSE DE COCO.

2°

BEURRES FRAUDÉS PAR DES MÉLANGES COMPENSATEURS.

3°

LIMITES DE SENSIBILITÉ DES MÉTHODES D'ANALYSE.

4°

DIVERGENCES DANS L'APPRÉCIATION DES MÉTHODES D'ANALYSE.

VII

Conclusions

La Graisse de Coco épurée

ÉTUDE ÉCONOMIQUE ET CHIMIQUE

I

L'Œuvre française de l'épuration des graisses végétales intertropicales

Les premiers industriels qui tentèrent de tirer de l'huile de coprah une graisse comestible ne se doutaient certainement pas du développement extraordinaire que devait prendre, vingt ans après ses débuts, une épuration dont les premiers essais furent, il faut l'avouer, bien timides, bien difficiles, et bien peu encourageants.

Entre le produit raffiné, concret, anhydre, entièrement blanc et désodorisé tel que la végétaline, et les échantillons de graisse de coco épurée antérieurement à 1897, aucune confusion n'est possible.

L'odeur désagréable et la saveur amère de l'huile de coco ont en effet empêché pendant très longtemps de l'employer dans l'alimentation.

Pour enlever cette odeur et cette saveur, on essaya d'abord la filtration par le noir animal et sur une argile spéciale. Nous avons étudié jadis la graisse ainsi obtenue : elle était presque aussi repoussante que l'huile brute. Plus tard, nous avons eu l'occasion d'examiner une graisse raffinée par le procédé Ieserich et Meinent : le corps obtenu était moins odorant et moins âcre que le précédent, mais néanmoins bien peu de cuisinières auraient consenti à l'employer. Plus tard, on utilisa le procédé Hertz (purification à l'aide d'un lavage par l'alcool), en même temps qu'on traitait l'huile de coprah par le procédé Schlink (traitement de l'huile de coprah par la vapeur d'eau surchauffée à l'abri de l'air). Les produits ainsi obtenus dans les usines de Thann, de Mannheim, d'Argenteuil, étaient presque blancs et de saveur supportable ; mais, chauffés légèrement, ils exhalaient encore l'odeur caractéristique du coprah.

Le procédé Bang et Rufin marque encore un progrès dans l'épuration de l'huile de coco. Vers 1900, nous eûmes l'occasion d'examiner à Marseille une graisse de coco parfaitement blanche et anhydre appelée *Taline*. Malgré ses belles apparences, elle n'était pas encore susceptible de devenir un article d'alimentation générale : on n'avait pu la débarrasser entièrement des acides malodorants. Mais déjà ce produit présentait une résistance remarquable au rancissement. Ainsi un échantillon que nous avons conservé plusieurs années accusait lorsqu'il nous fut remis après quatre ans de préparation (boîte fermée) une très faible acidité : 0 gr. 25 % évaluée en acide oléique. Exposé à l'air, il donnait deux ans après : 0 gr. 50 %. Cet échantillon fut emporté à Libreville. Il voyagea tout un été. A son retour, l'acidité avait augmenté de 0 gr. 10 %.

La Taline ferma l'ère des tâtonnements et des demi-succès dans l'épuration de la graisse de coco et en décembre 1900, appelé à se prononcer sur la graisse de coco épurée dans l'usine de la Société de Roux, Rocca et Tassy, M. Müntz, Directeur de l'Institut national agronomique à Paris, s'exprimait ainsi :

« Par le raffinage parfait et intelligemment pratiqué, destiné à
« enlever les acides qui ont pu se former au cours de la dessiccation et
« du transport de la matière première, on donne au beurre de coco
« toute sa pureté primitive, et il se présente sous la forme d'une graisse
« d'une blancheur éclatante et consistante à la température ordinaire,
« complètement neutre au goût et d'une odeur de noisette agréable...
« C'est une matière grasse de première qualité, d'une pureté absolue,
« d'une conservation parfaite, nutritive au premier chef, d'une diges-
« tion facile et complète, supportée par les estomacs les plus débiles ;
« il y a grand intérêt à la faire entrer dans l'alimentation humaine
« où elle est appelée à jouer un rôle considérable. »

Aujourd'hui, le raffinage de la graisse de coco s'est généralisé. Mais nous ne devons pas oublier que c'est Marseille qui a eu l'initiative de cette révolution économique, qui, ensuite, a rayonné sur la Suisse, sur l'Italie, sur l'Allemagne. C'est Marseille qui a donné à cette transformation tout son sens pratique, utilitaire, démocratique. C'est à Marseille que s'est présentée pour la première fois cette notion que les graisses végétales intertropicales étaient appelées à jouer, dans un avenir rapproché, un rôle de première importance dans l'alimentation du monde entier, grâce à la facilité, à l'abondance inépuisable de leur production, grâce à leur bon marché. Les graisses végétales intertropicales sont les aliments gras du pauvre, et à ce titre elles ont droit à toute notre attention, à toute notre protection. Nous disons « les graisses intertropicales », car l'évolution qui a eu jusqu'à présent le cocotier comme objectif ne s'arrêtera pas en chemin. Il existe autour du globe, entre les tropiques, une vingtaine d'espèces végétales susceptibles de donner des matières grasses concrètes analogues à la graisse de coco. Ces matières grasses, connues et utilisées dans les pays de production par les indigènes, soit pour la préparation des aliments, soit en onctions ou en pommades, méritent comme l'huile de coprah d'être raffinées.

Ainsi les graisses extraites des semences de différentes espèces de Bassia (Sapotées), Beurre de Galam, de Shéa, de Bambouc, de Ghée, le beurre de mango (Mangifera indica), le beurre de palme (Eloeis guineensis) le beurre de Karité (Bassia Parkii), ont toutes pour bases des glycérides parfaitement digestibles, et il n'est pas douteux qu'un jour elles n'accompagnent les Laurines du coco sur les marchés septentrionaux.

Si nous voulons attirer aujourd'hui l'attention sur la nécessité et sur l'importance sociale de l'envahissement de notre marché par les graisses des pays chauds, c'est qu'il nous semble que, d'une façon générale, depuis quelques années, l'opportunité de cette intervention semble méconnue, et qu'un mouvement de réaction se dessine, réaction dont les conséquences nous semblent aller à l'encontre de l'intérêt général.

La valeur des denrées alimentaires sur tous les grands marchés du Vieux Monde a en effet bien changé depuis un demi-siècle. L'augmentation de prix de tous les produits de première nécessité suit depuis cette époque une marche régulièrement ascendante et, en ce moment, il est bien impossible de fixer des limites à ce mouvement. On peut admettre que depuis cinquante ans le prix de la plupart des vivres a doublé : et le renchérissement atteint aussi bien la viande de boucherie et les graisses animales que les articles d'alimentation végétale.

Le prix moyen des pommes de terre est passé de quatre francs à dix francs le quintal, celui de la viande a augmenté dans la proportion de un à deux ; celui du lait est passé, à Paris, de vingt-cinq centimes à quarante centimes le litre, celui du beurre est passé de deux francs cinquante à quatre francs le kilog. On peut prévoir que, sous peu, le beurre atteindra une valeur moyenne de cinq francs le kilog.

La difficulté sans cesse croissante de vivre à bon marché semble nous acheminer vers une véritable crise sociale et les pouvoirs publics ont déjà dû s'occuper de l'étude des moyens propres à l'enrayer, tout au moins à la diminuer.

Or, c'est au moment où la question de l'alimentation à bon marché se pose plus impérieuse que jamais, que certaines collectivités tentent de faire réglementer l'industrie de la graisse de coco, de telle sorte que le rôle bienfaisant que celle-ci joue dans la cuisine des ménages peu fortunés, grâce à ses qualités alimentaires et hygiéniques et à son bas prix, serait peu à peu annihilé.

Cette hostilité est relativement récente.

A l'origine, la graisse de coco entra dans l'alimentation sans soulever d'objections, et il semble que celles-ci ne se sont développées qu'en raison de l'extension considérable prise, à un moment donné, par cette industrie.

À ses débuts, la consommation totale de la graisse de coco épurée, sous forme de végétaline, ne dépassa pas soixante tonnes annuellement.

En 1902 cette consommation s'élevait à (6.000) six mille tonnes environ, elle dépasse certainement aujourd'hui huit mille tonnes.

Quand on songe à la puissance de la routine, aux sentiments de défiance qui, généralement, animent le public lorsqu'il se trouve en présence d'un produit nouveau qui cherche à se faire une place dans l'alimentation, on ne peut s'empêcher de reconnaître que l'entrée en scène de la graisse de coco comestible répondait à un besoin urgent, invincible, en opposition avec l'attachement que chaque province manifeste en France pour des habitudes séculaires.

Tentatives contre le développement de l'industrie de la graisse de Coco comestible

Les premières attaques contre la liberté du commerce de la graisse de coco datent de 1903. On prit pour prétexte l'emploi de plus en plus répandu de cette graisse pour falsifier le beurre de vache, et la prétendue impossibilité pour le chimiste de déceler cette falsification lorsqu'elle est habilement faite.

Nous trouvons sur ce sujet des documents très explicites dans les rapports du Congrès international de la laiterie tenu à Bruxelles en 1903.

Parlant du beurre de coco qui, en mélange avec l'oléo-margarine, a été très utilisé par les fraudeurs de beurre, M. Wauters dit notamment :

« Il est nécessaire que de pareils produits soient astreints aux « mêmes conditions que la margarine ; il ne faut pas perdre de vue, « en effet, que sa fabrication n'a pas d'autres raisons d'être que de « fournir aux fabricants de beurre un produit qui, par suite de sa « texture non cristallisée obtenue par refroidissement brusque, peut « être facilement mélangé au beurre et ne peut être retrouvé au moyen « du microscope. »

Comme conclusion de son rapport, l'auteur demandait :

1° L'addition aux graisses pouvant servir à la falsification du beurre de substances pouvant révéler la présence de ces graisses, sous la réserve que cette addition ne puisse nuire à leurs propriétés organoleptiques, et les rendre suspectes au consommateur.

2° Que tous les pays introduisent l'obligation de cette addition dans les lois qui régissent le commerce du beurre et de la margarine.

3° Que les substances à employer soient les mêmes dans tous les pays : le mélange d'huile de sésame et de fécule déshydratée, par exemple, qui répond aux desiderata auxquels doivent satisfaire ces substances.

4° Que la loi interdise l'emploi, dans la fabrication du beurre, de produits contenant des substances dont l'addition à la margarine est prescrite.

Naturellement ceci s'entend non seulement pour les margarines proprement dites, mais aussi pour toutes graisses ou mélanges de graisses propres à falsifier le beurre.

Des propositions semblables étaient émises par M. Eveproz, chimiste cantonal de Fribourg.

Dans un rapport spécial, M. Grimm, directeur chef de service de l'Institut agricole de Rotholz (Tyrol allemand) estimait que, quelle que soit la législation, la fraude des beurres par les graisses ne peut être empêchée que si l'on impose l'addition à ces dernières de substances révélatrices. Ces matières doivent pour remplir ce but :

1° Etre facilement reconnaissables par les profanes ;

2° Etre absolument inoffensives pour la santé ;

3° Ne pas être nuisibles au goût, ni à l'odeur, ni à la conservation des graisses ;

4° Etre fournies facilement et à bon compte.

On élimine aussi, naturellement, tous les colorants dont la couleur se rapproche de celle du beurre naturel. A titre d'exemple, l'auteur cite un certain nombre de substances remplissant les conditions requises : la chlorophylle, l'indigo carmin, l'alkuoin déjà utilisé dans ce but en Russie, etc.

Dans un étude (1) signée de MM. Trillat, Halphen, et Fayolle, experts chimistes près le tribunal de la Seine, ces auteurs estiment que la répression actuelle des fraudes des beurres est insuffisante. Ils insistent pour qu'on applique les mesures demandées au Congrès de Bruxelles, et pour qu'on fixe la composition minima au-dessous de laquelle un beurre, même pur, ne sera plus considéré comme marchand.

Le 2 novembre 1907, la revue *L'Industrie laitière*, après avoir développé les arguments qui, à son point de vue, démontrent que la végétaline, la cocose et, d'une façon générale, le coprah purifié doivent, tant au point de vue chimique qu'au point de vue juridique, entrer dans la catégorie des margarines, demande que les produits du coprah ne puissent plus entrer chez les commerçants et fabricants de beurre qu'ils pourraient inciter à des mélanges coupables, préjudiclables à l'industrie beurrière agricole.

Au cours de la législature de 1905, la graisse de coco comestible courut un grand danger et il ne fallut rien moins que l'intervention énergique des députés des Bouches-du-Rhône et notamment de M. Thierry pour empêcher qu'une mesure funeste à coup sûr autant qu'injuste vînt frapper cette industrie au cœur.

Un projet de loi était présenté (projet de loi Cornet) dont l'art. 4 n'était bénin qu'en apparence. Il s'agissait, dans les précédents articles, d'obliger les fabricants de margarine à mélanger à leur produit, lors de sa fabrication, un corps révélateur (l'huile de sésame et la fécule de pomme de terre) conformément aux vœux présentés antérieurement dans les congrès de la laiterie.

Et l'article 4 disait que les dispositions visant la margarine pour-

(1) *Revue de la Société scientifique d'hygiène alimentaire*, oct.-nov. 1907, n. 6, p. 637.

raient, en tout ou partie, être rendues applicables, par décret, aux produits autres que le beurre qui, par leurs caractères physiques ou leur composition chimique, pourraient, soit à l'état pur, soit en mélange, être utilisés pour la fabrication du beurre.

Le danger était grave, puisque le ministre de l'agriculture, dans la séance du 11 décembre 1905, disait à la Chambre :

« La loi ne vise pas seulement le beurre de coco, mais bien tous
« les produits qui peuvent servir à frauder le beurre, par exemple le
« beurre de karité. Je cite celui-là parmi tant d'autres. Il faut laisser
« au gouvernement le soin de déterminer quels articles de la loi pour-
« ront être appliqués à telle ou telle substance. »

Il était bien grave de soustraire au contrôle du législateur l'incorporation dans la loi sur la margarine de tout produit oléagineux qu'il eût plu à l'administration d'y faire entrer. M. Thierry donna lecture dans cette même séance de la déclaration suivante, faite en Belgique, à la Chambre des Représentants, par le Ministre de l'Agriculture belge :

« La graisse de coco présentant naturellement certains caractères
« qui la différencient du beurre, il ne paraît pas nécessaire de lui don-
« ner, comme à la margarine, des caractères distinctifs artificiels par
« l'incorporation de substances révélatrices. »

De son côté, M. Augagneur a déclaré à la Chambre le 6 juillet 1905 :

« Allez-vous donc dénaturer l'huile de coton, l'huile d'arachide,
« parce que ces produits sont susceptibles d'être mélangés à l'huile
« d'olive. La société n'a qu'un droit : c'est de poursuivre le commer-
« çant qui a mélangé à ses produits des substances que l'acquéreur
« n'aurait pas l'intention de lui acheter ; mais quand le produit lui-
« même ne présente rigoureusement aucun danger, c'est un abus de
« pouvoir que d'essayer d'en entraver la production, d'en proscrire
« la vente et l'emploi. »

Dans une communication reçue d'un de ses lecteurs de Rotterdam, par les *Annales de falsifications* et reproduite par *L'Industrie du beurre* (15 mai 1910), l'auteur fait remarquer qu'on étudie déjà les matières grasses venant du Congo, de nos colonies ou des Indes anglaises que jusqu'ici consommaient seuls les indigènes pour l'industrie du savon. « Qui connaissait hier la graisse de Mohna extraite
« du Bassia latifolia ? Aujourd'hui, c'est par millions de kilos que
« ces graisses sont importées des Indes en Europe. De même pour le
« beurre de Karité, de Méné, de Gambôye, etc... Si donc vous voulez
« adopter l'addition des révélateurs en France, généralisez cette me-
« sure à toutes les matières grasses, et trouvez une bonne formule
« d'application ; vous aurez rendu un immense service au commerce
« honnête du beurre ; rendu également un immense service à l'huma-
« nité tout entière ! »

Après avoir constaté que la graisse de coco constitue une menace contre l'agriculture, M. A. Morvillez écrit (1) :

« Nous avons maintenant, depuis la récente division douanière, des « droits sur les oléagineux. Ces droits insuffisants et illogiquement « raisonnés s'avéreront absolument inopérants. Mais leur établisse- « ment constitue un commencement de satisfaction accordée à l'opinion « agricole. Bien entendu, dans cette réforme, on ne fit rien contre les « huiles concrètes. — A quoi bon, dit-on, gêner les industries natio- « nales ? Ces huiles ne pourront jamais se substituer aux huiles de « bouche ! » Peut-être, mais certaines d'entre elles commencent à « faire une concurrence des plus dommageables au beurre en se « substituant à lui... Que faire à cela ? Pour remédier aux falsifications « du beurre par addition de margarine, on a édicté une législation « spéciale, laquelle a produit d'excellents effets. La margarine est « contrôlée, canalisée. Que n'agit-on de même vis-à-vis du beurre « de coco ?

« Aussi bien la loi de 1897, en son article 2, dit : Toutes les « substances alimentaires autres que le beurre, quelles que soient leur « origine, leur provenance et leur composition, qui présentent l'aspect « du beurre et sont préparées pour le même usage que ce dernier « produit, ne peuvent être désignées que sous le nom de margarine. « Conséquemment, en bonne logique, et légalement, le commerce du « beurre végétal devrait être soumis au même régime que celui de la « margarine. C'est du reste ce qui existe en Allemagne...

« ...Outre que nous ne saurions décemment approuver les tromperies « sur la nature de la marchandise vendue et les bénéfices illicites qui « en résultent, comme dans le cas des falsifications du beurre par les « graisses végétales, notre devoir est de défendre un produit national « de l'importance et de la valeur du beurre. Que sont, en réalité, les « intérêts de *trois usines marseillaises* comparés à ceux de l'industrie « laitière française, laquelle fait vivre tout un peuple et met en jeu « annuellement plus d'un milliard et demi de produits laitiers !...

« Pour cela, il faudrait : 1° Mettre un terme au traitement de faveur « dont bénéficient à leur entrée chez nous les graisses productrices « d'huiles concrètes.

« 2° Appliquer aux graisses végétales la loi sur les margarines.

Le journal *Paris-Centre* dit dans son numéro du 25 juin 1910 : « Il « y a pourtant quelque chose à faire pour défendre notre industrie « beurrière, une des principales branches de notre production agri- « cole. Il suffirait d'appliquer aux graisses d'origine végétale la loi « qui a organisé le contrôle, la canalisation de la margarine. Ce ne « serait pas une nouveauté exorbitante. En effet, la loi de 1897, art. 2, « dit déjà : « Toutes les substances alimentaires autres que le beurre, « quelles que soient leur origine, leur provenance et leur composition,

(1) *L'industrie du beurre*, 3 juillet 1910.

« qui présentent l'aspect du beurre et sont préparées pour le même
« usage que ce dernier produit, ne peuvent être désignées que sous le
« nom de margarines. » Il n'y a qu'à soumettre le commerce du beurre
« végétal au même régime, comme on l'a fait en Allemagne. On ne
« peut cependant sacrifier notre laiterie nationale à *quelques savon-*
« *niers marseillais.*

« Le contrôle du beurre végétal devrait se compléter par une autre
« mesure non moins radicale. Il faudrait supprimer le traitement de
« faveur dont jouissent, à leur entrée sur notre sol, les graisses pro-
« ductrices d'huiles concrètes. Qui veut la fin veut les moyens !

« Sous le bénéfice de cette sage protection, le beurre honnête ne
« courrait plus le risque d'avoir à lutter contre des produits à éti-
« quettes trompeuses ou contre des beurres sophistiqués qui compro-
« mettent l'offre française.

« Notre industrie laitière fait vivre une nombreuse population, et sa
« production se chiffre chaque année par plus de 1.500 millions de
« francs. Ne l'oublions pas ! »

Un article paru dans *L'Industrie du beurre* sous le titre : « Encore
la graisse de Coco » (7 mai 1911), se termine ainsi :

« Quelque invraisemblable que paraisse cette affirmation, il ne nous
« sera pas difficile de prouver que le gouvernement est complice,
« inconscient c'est vrai, mais bien complice du terrible coup porté à
« notre produit national, le beurre. Si en effet nous consultons les
« tarifs de douane, nous pouvons constater que le coprah, d'où les
« graisses de coco sont extraites, paie un franc de droits par 100
« kilos. Or, d'après l'analyse, le rendement est de 80 % : il est donc
« facile de se rendre compte que le rapport au trésor approche de
« 1 fr. 25 pour 100 kilos, alors que celui des beurres d'importation
« oscille entre 20 et 30 francs.

« On a bien interdit aux fabricants de beurre de posséder un gramme
« de margarine chez eux ; pourquoi donc ne pas leur interdire la dé-
« tention du coprah ! Et cette défense devrait surtout être faite aux
« détaillants qui malaxent leur beurre avec ce produit *détestable.*

« Nous ne voyons dans cette protection de la graisse de coco qu'une
« question électorale, où de grosses influences ont étouffé la masse
« des justes intérêts des plus modestes intéressés qui ne sont pas
« défendus par leurs représentants.

« Si tous les électeurs producteurs de beurre pur exigeaient de leur
« député l'engagement de demander la revision des tarifs scandaleux
« du coprah, vous verriez un peu les choses changer de face et la
« fraude supprimée ! »

Nous avons voulu exposer les principaux griefs des beurriers contre
l'industrie de la graisse de coco. Pour être complet, il nous aurait

fallu encore citer les articles parus sur ce sujet dans le *Courrier de l'Ouest* en 1910, dans *L'Industrie du beurre* (30 avril 1911), dans *L'Industrie laitière* (2 novembre 1907) : Un péril pour l'industrie beurrière ; les margarines végétales ; la communication de M. Toriey de Libourne au 2ᵉ congrès international de l'industrie laitière (Paris, 18-19 mars 1907) ; le rapport de M. Bouché au 4ᵉ congrès de l'industrie laitière (Paris, février 1910). Nous terminerons cet exposé par la proposition de loi de M. Disleau tendant à l'extension des dispositions des lois des 16 avril 1897 et 23 juillet 1907, aux graisses alimentaires d'origine végétale ou autres, préparées ou mises en vente pour le même usage que le beurre. Dans sa séance du 26 juillet 1911, la Chambre, appelée à examiner cette question, a émis un avis favorable à l'adoption de la proposition Disleau.

Si nous résumons toutes les discussions qui, depuis huit ans, ont pour objet l'industrie de la graisse de coco, nous voyons que les défenseurs de l'industrie beurrière sont d'accord sur trois points :

1° Elévation des droits de douane et de circulation des coprahs et des produits qui en dérivent ;

2° Restriction dans la vente au détail de la graisse de coco. Isolement de cette denrée chez des détaillants qui, ne pouvant vendre à la fois le produit végétal et le beurre de vache, seront obligés au détriment de leurs intérêts, surtout dans les petites localités, d'opter pour l'un ou pour l'autre ;

3° Dénaturation par addition de plusieurs substances étrangères entièrement différentes des Laurines.

Et les auteurs de ces propositions ne justifient leurs prétentions que par cette affirmation : l'analyse chimique ne peut déceler d'une façon certaine la présence de la graisse de coco dans le beurre, lorsque l'addition est faite dans des proportions minimes, mais néanmoins rémunératrices pour le fraudeur.

S'il est possible de mettre en évidence la graisse de coco dans le beurre jusqu'aux limites où cette fraude est profitable aux commerçants dépourvus de scrupules, il est bien évident que tout l'échafaudage des mesures projetées s'écroule de lui-même : le beurre n'a plus besoin d'être défendu contre le coco par des lois spéciales, pas plus que le vin contre l'eau, le sucre des confitures et des sirops contre la glucose, l'huile d'olive contre l'huile de coton ou l'huile d'arachide ; la farine contre le talc, etc.

Nous ne pouvons exposer ici toutes les opérations que comportent l'analyse du beurre et l'analyse du coco. Nous y reviendrons dans un chapitre spécial. Nous dirons seulement qu'il n'est pas plus difficile d'analyser un beurre mélangé de coco qu'une huile d'olive étendue d'huile d'arachide ou un vin qui a subi le mouillage. Ces opérations ne peuvent avoir un résultat mathématique : mais leur précision dépasse les limites au delà desquelles la fraude ne comporte plus de bénéfices.

III

Pour de hautes raisons hygiéniques et sociales l'industrie de la graisse de Coco ne doit pas être entravée mais doit, au contraire, être encouragée

Nous allons supposer un instant que la solution que nous attendons de la chimie analytique reste en suspens : que les affirmations des chimistes qui prétendent retrouver dans le beurre de vache 5 % de graisse de coco manquent de contrôle.

Est-ce une raison pour que l'emploi des indicateurs ne rencontre plus d'obstacle ? A côté de l'avis des législateurs et des chimistes, il nous semble que l'opinion des médecins et des hygiénistes mérite bien d'être consultée.

Or, si la dénaturation peut être une proposition de chimiste, elle ne sera jamais une proposition de médecin.

Il nous paraît incroyable qu'une mesure telle que la dénaturation d'une substance alimentaire d'usage général puisse être prise sans que l'Académie de médecine ait été consultée.

La graisse de coco par sa forme cristalline, par son mode de préparation qui en fait un corps rigoureusement aseptique, par sa neutralité absolue, par sa composition (glycérides de l'acide laurique 87 à 90 %), par son état anhydre et sa conservation presque illimitée, est une espèce bien spéciale, et physiologiquement bien différente des graisses près desquelles elle se place par sa parenté chimique (buty-rines, oléines, margarines, stéarines). Elle s'en distingue par sa diges-tibilité, par son action sur les liquides du commerce de l'économie (voir les travaux des Drs Bourot, Challan de Belval, Iversenc, etc.), par sa résistance à l'ensemencement des microbes, et au développement des fermentations pathologiques. Modifier ces caractères est tout à fait contraire aux principes de l'hygiène et au bon sens. Pour bien des chimistes cela n'est d'aucune importance d'additionner la graisse de coco épuré — d'amidon, d'huiles diverses, de chlorophylle, d'indigo, de carmin, de phénolphtaléine (car l'imagination de certains d'entre eux s'est donnée libre cours dans le choix des dénaturants) : ces corps n'exercent pas d'action nuisible sur la digestion, disent les uns ; ils seront en proportion trop faible pour changer les qualités de la graisse, disent les autres ! Ces assurances n'ont qu'une valeur bien relative : Peut-être pourrait-on en tenir compte, si l'humanité ne comptait que des êtres robustes et des estomacs en bonne santé ?

Or la graisse de coco a déjà été, tant dans les hôpitaux civils que dans les hôpitaux militaires, l'objet d'observations assez nombreuses pour que son action salutaire chez certains malades soit aujourd'hui bien établie. Ces expériences n'ont fait que confirmer les premières remarques du Dr Challan de Belval, qui complétait le traitement du rachitisme et de la débilité infantile, par une alimentation à base de végétaline. Les personnes atteintes d'entérite ont tout intérêt à substituer aux graisses acides, ou qui ont une tendance à rancir, ou dont le poids moléculaire est trop élevé pour ne pas être indigestes, les Laurines neutres, stables et digestives.

Pour les enfants débiles, maladifs, chez lesquels toutes les infections sont à craindre, la graisse de coco épurée est préférable à tous les corps gras d'origine animale. Stérile, elle ne peut apporter aucun germe, aucun microbe, alors que le beurre de meilleur goût, de meilleur aspect, peut contenir le bacille de la tuberculose, à moins qu'il n'ait été fondu et chauffé au delà de + 100°. Comme le saindoux, le beurre et l'huile d'olive, la graisse de coco donne, en présence de la bile et du suc pancréatique, une émulsion persistante, définitive, mais, de toutes les graisses alimentaires, c'est la graisse de coco qui est le plus rapidement et le plus finement émulsionnée : de plus, elle est simplement émulsionnée, sans subir de saponification préalable et partielle, comme cela arrive avec les graisses animales. Ces conditions font du coco un aliment de digestion et d'assimilation très faciles ; le mélange avec un corps gras différent, avec une substance amylacée et surtout avec un produit chimique, ne peut que diminuer la valeur thérapeutique de la graisse de coco.

Nombreux sont les médecins qui la prescrivent aujourd'hui comme adjuvant à un traitement purement médical. Il n'en est pas un qui accepterait qu'une autorité quelconque en puisse modifier la formule.

D'abord l'introduction de révélateurs dans le coco ne peut être faite sans que les conditions qui assurent sa stérilisation soient violées. Si la stérilisation par la vapeur d'eau à haute température sous pression n'altère pas le goût des laurines, il n'en est pas de même lorsqu'il s'agit des huiles, des fécules, etc., et si la stérilisation a lieu par la chaleur sèche sous pression, le produit prendra une odeur et une saveur inacceptables. Enfin les partisans des révélateurs ne peuvent invoquer la faible proportion des substances introduites : quand une graisse végétale est prescrite par un médecin à titre de régime alimentaire, il ne peut être question sous aucun prétexte d'une graisse additionnée de sésame, ou de fécule ou d'indigo, quelles qu'en soient les proportions.

Au point de vue social, les restrictions qu'on voudrait apporter au développement de l'industrie du coprah comestible nous paraissent tyranniques et antidémocratiques. Ces restrictions semblent bien déplacées, bien inopportunes et paradoxales (pour ne pas dire plus), au moment où les pouvoirs publics, sous la poussée de l'opinion publique, cherchent par tous les moyens à améliorer le sort de la classe ouvrière. Refuser la diffusion de la graisse à bon marché, à l'époque où on cherche à résoudre la question des logements à bon marché, des transports à bon marché, est un sujet d'étonnement profond. La cherté des vivres augmente sans cesse en Europe : dans les ménages pauvres, la consommation de la viande se restreint forcément ; un progrès sortira de ce malaise, les procédés frigorifiques se perfectionneront. Les pays de production intense, comme la République Argentine, pourront contre-balancer la cherté de nos marchés par l'envoi régulier de viandes fraîches et de bonne qualité. Que dirait la masse de la nation si la boucherie locale, se mettant en travers de l'importation des viandes frigorifiées, voulait nous obliger à nous priver ou à consommer des vivres qui ne peuvent avoir d'accès que sur la table des riches ! Le beurre est franchement devenu la graisse du riche. Laissez passer la graisse du pauvre ; ne l'accablez pas d'impôts qui la rendront à son tour inabordable, et ne la salissez pas pour obliger les pauvres gens à s'en détourner !

Frauder officiellement un produit pour le *canaliser*, selon l'expression employée dans les congrès de l'industrie laitière, est d'une politique détestable. Le succès ne serait que passager. Certains progrès s'imposent : leur marche en avant emporte finalement toutes les barrières. L'éclairage au pétrole, l'éclairage au gaz ont jadis détrôné la chandelle et la bougie. L'électricité, à son tour, s'est substituée aux procédés antérieurs. On ne concevrait pas qu'une ligue se soit fondée pour entraver ce progrès. Quand les couleurs et les parfums synthétiques ont fait leur apparition, il n'est venu à l'idée de personne de demander à l'Etat d'assurer aux industries lésées par les découvertes de la chimie le monopole qui allait leur échapper : l'alizarine se substitua à la garance ; la parfumerie, la confiserie utilisèrent les nouvelles substances.

Il arrivera avec les graisses végétales ce qui est arrivé dans bien des circonstances analogues. Le pétrole n'a pas arrêté les progrès des stéarineries. Le besoin d'éclairage augmente au fur et à mesure des perfectionnements, les parfums artificiels n'ont pas restreint la culture des plantes à parfum. Le beurre restera la graisse fine et parfumée préférée des classes fortunées ; les graisses végétales n'en diminueront ni le prix ni la consommation.

Au point de vue national, l'industrie de la graisse de coco ne le cède en rien à l'industrie beurrière. Son développement est une source de revenus pour notre patrimoine colonial.

Le cocotier existe dans presque toutes nos colonies et, d'années et années, prend un développement très accentué. Il est surtout abondant en Océanie, en Nouvelle-Calédonie, en Indo-Chine, aux Indes, aux Antilles. Son développement est remarquable à Madagascar et sur la côte occidentale d'Afrique.

Mais c'est surtout en Océanie française et en Nouvelle-Calédonie que le cocotier semble appelé à prendre une place importante.

L'exportation de toute la Polynésie française s'élevait à 6.000 tonnes par an vers 1900, à 8.300 tonnes en 1903, et dépasse actuellement 10.000 tonnes. Cette exportation se répartit surtout entre les Etats-Unis, l'Angleterre et la France.

Dans les grandes îles, le cocotier occupe les deux tiers des surfaces cultivées. Aux Etablissements français de l'Inde, le mouvement des produits du cocotier est peu important à l'importation comme à l'exportation. En Indo-Chine, il y a beaucoup de cocotiers et la Cochinchine seule a plus de 16.000 hectares de cette culture ; l'exportation y dépasse 8.000 tonnes.

A la Réunion et aux Comores, les produits du cocotier sont entièrement consommés sur place. A Madagascar, les progrès du cocotier s'accusent d'une façon indiscutable. Chaque année, des distributions gratuites de noix, allant jusqu'à 100.000 par an, sont faites aux chefs de provinces ; elles sont plantées sous la surveillance de l'administration, qui distribue aussi des primes à cette culture.

A la côte occidentale d'Afrique, le commerce du coprah est encore peu important : la culture et l'exploitation du cocotier y sont d'introduction récente et les premiers envois de coprah ne remontent qu'à 1900, mais ce commerce se développe rapidement.

Dans un dizaine d'années, les colonies françaises suffiront à l'approvisionnement de l'industrie de la métropole.

Mais, dès maintenant, nous exportons en Suisse, en Allemagne, en Angleterre, etc., les 9/10 des produits de l'épuration des graisses de coco, équivalant à une valeur de 40 millions de francs environ. Cette valeur représente un bénéfice réel, immense pour l'industrie française.

L'intérêt de la France n'est donc pas de gêner le développement d'une industrie qui attire chez nous l'or de l'étranger. Dans l'épuration du coco, nous avons été les premiers, et nous gardons une avance considérable. Pour compléter cette œuvre, il faut que nous nous hâtions de développer la culture du cocotier dans nos colonies. Dix années d'efforts suffiront largement. Il faut surtout qu'aucune mesure législative ne soit prise qui soit de nature à entraver la culture, l'industrie et le commerce des matières grasses coloniales d'origine végétale, notamment des produits de la noix de coco.

IV

Etude des procédés chimiques
employés pour reconnaître la graisse de Coco dans le beurre de vache

Nous l'avons dit précédemment : alors même que les méthodes chimiques paraîtraient insuffisantes pour déceler la graisse de coco dans le beurre, il serait injuste de dénaturer les graisses végétales.

Nous allons maintenant décrire les principaux procédés qui font autorité en France, en Belgique, en Allemagne, pour la recherche du coco dans le beurre : nous exposerons les critiques qu'ils ont soulevées, puis nous examinerons leur limite de sensibilité suivant les cas où l'expert est appelé à les appliquer.

Ces procédés sont ceux de R. Cohn, L. Robin, Bellier, Reichert (avec les modifications apportées successivement par Meissl, Wolny, Mougnaud, Müntz et Coudon), enfin les procédés de Wauters, Polenske, Césarô et Bömer.

PROCÉDÉ ROBERT COHN

(*Zeitschrift fur offentliche Chemie*, 1907, 308.)

Ce procédé est basé sur ce fait que les savons de graisse palmitique sont difficilement et même presque incomplètement précipitables par le sel en présence des savons des autres acides gras. Il permet de reconnaître avec certitude 10 à 15 pour 100 de graisse de coco dans le beurre et donne même des résultats satisfaisants, si la proportion de cette graisse n'atteint que 5 pour 100.

Si on saponifie un mélange de beurre et de graisse de coco et qu'on sale la solution aqueuse de savon en ajoutant une solution concentrée de chlorure de sodium, seuls les savons des acides gras à poids moléculaire élevé (acides myristique, palmitique, stéarique, oléique), se précipitent complètement, tandis que ceux formés par les acides caproïque, caprylique et caprique, dont les graisses de palme sont assez riches, ne le sont pas.

On pèse 5-6 grammes de graisse fondue filtrée dans un ballon de 250 cc., et on saponifie avec 10 cc. de lessive alcoolique de potasse contenant 70 % d'alcool en volume (lessive de Meitzl). On chasse ensuite l'alcool par chauffage, au bain-marie bouillant dans un cou-

rant d'air, puis on dissout le savon dans 100 cc. d'eau chaude. Après
refroidissement, on transvase la solution dans un becherglass, sans
rincer, et on ajoute en agitant 100 cc. d'une solution saturée à froid
de Na Cl (400 grammes de Na Cl dissous dans un litre d'eau en agitant
fortement et filtrant). Après 15 minutes de repos, on jette sur un filtre
à plis le précipité floconneux qui s'est séparé. Le filtrat est recueilli
dans un ballon d'Erlenmeyer, de 500 cc. A ce filtrat clair, on ajoute 2-3
cc. d'HCl de densité 1,12 : si la matière grasse contient de la graisse
de palme, il se produit aussitôt un trouble laiteux. Si cette graisse
n'existe pas, le liquide reste parfaitement clair et limpide.

Pour appliquer cette méthode à l'analyse du beurre, il est nécessaire d'y apporter une petite modification, car le beurre contient souvent de petites quantités d'acides caproïque, caprylique et caprique.
On doit saler beaucoup plus fort. On opère donc comme il vient d'être
dit ; mais au deuxième salage, on emploie une quantité double de solution de sel. On en ajoute 250 cc. et après 10 minutes de repos, on jette
sur un filtre à plis, et à la solution claire on ajoute 2-3 cc. de HCl de
densité 1,12. Si le beurre est pur, la solution reste parfaitement claire,
ou devient seulement légèrement opalescente, et cette opalescence
disparaît avec le temps, tandis qu'au contraire, en présence de la
graisse de palme, la solution devient trouble et ce trouble s'accentue
par le repos.

Si le beurre contient moins de 10 % de graisse de coco, on prend
10 grammes de matière grasse, on saponifie avec 20 cc. de lessive,
on dissout dans 150 cc. d'eau, on sale la première fois avec 200 cc. de
solution de Na Cl, et la deuxième avec 300 cc.; et on ajoute au filtrat
5 cc. de HCl. L'huile de palme se comporte comme la graisse de coco ;
de petites quantités de suif, de margarine, d'huile de sésame, d'huile
de coton, ne nuisent pas à la réaction. La méthode est utilisable pour
les beurres légèrement rances, mais non pour ceux qui le sont fortement, car le rancissement détermine la formation de grandes quantités d'acides caproïque, caprylique et caprique qui pourraient entraîner à des conclusions erronées.

PROCÉDÉ ROBIN

Les acides gras du beurre de coco sont presque totalement solubles
dans l'alcool à 60 degrés environ et à la température de 15°, tandis
que ceux du beurre pur ne le sont que partiellement, et ceux de la
margarine très peu.

D'autre part, on sait aussi que la proportion d'acides gras solubles
dans l'eau est plus considérable dans le beurre pur que dans le coco
et la margarine. Si on ajoute à ces caractères celui, bien spécial au
beurre de coco, qui est de renfermer une quantité d'acides gras
solubles dans l'alcool à 60 degrés mais insolubles dans l'eau, très

supérieure à celles que contiennent le beurre pur et la margarine, on peut présumer qu'il serait possible d'établir un mode de recherche des falsifications du beurre par la graisse de coco ou la margarine ou même par un mélange de ces deux produits ; mais il fallait, pour que ces recherches fussent pratiques, trouver une méthode simple conduisant vite et facilement à des résultats convenables. C'est à atteindre ce but que s'est appliqué M. L. Robin en opérant de la façon suivante :

5 grammes de beurre fondu et filtré sont pesés dans un ballon jaugé de 150 cc. et additionnés de 25 cc. d'une liqueur alcoolique de potasse pure (1). On fait bouillir doucement pendant cinq minutes, au réfrigérant ascendant, et après avoir laissé refroidir un peu, on ajoute de l'eau distillée en quantité suffisante pour amener au titre alcoolique de 56°5 environ.

Dans un second ballon, non jaugé, on fait un essai à blanc, avec 25 cc. de la même solution alcoolique de potasse. L'excès d'alcali est ensuite titré dans chacun des ballons, avec une liqueur alcoolique demi-normale d'acide chlorhydrique établie de telle sorte qu'elle titre environ 56°5 alcoométriques. (Cette liqueur se conserve très bien.)

La différence entre les deux volumes de liqueur chlorhydrique utilisée indique celui qu'il faudra verser dans le ballon de 150 cc. pour libérer les acides gras du savon formé. Cette quantité de liqueur chlorhydrique étant versée, on complète à 150 cc. avec de l'alcool à 56°5, on bouche le ballon et l'on met à refroidir dans une cuve à courant d'eau froide, jusqu'à ce que la température atteigne 15 degrés à 1 degré près. On filtre.

Essai de la liqueur filtrée. — 1° — Sur 50 cc. on détermine l'acidité avec la potasse décinormale et la phtaléine du phénol, et l'on exprime en centimètres cubes de liqueur de potasse, pour un gramme de beurre; c'est ce qui représente *les acides solubles dans l'alcool à 56°5.*

2° — 50 centimètres cubes sont mis dans un bécherglass et évaporés au bain-marie jusqu'à réduction du volume à 15 cc. Les acides insolubles dans l'eau sont recueillis sur un petit filtre sans plis et mouillé, puis lavés quatre fois avec de l'eau chaude : ils sont ensuite dissous dans un mélange de deux parties d'alcool à 95° pour une partie d'éther sulfurique. L'acidité du liquide éthéro-alcoolique est déterminée et exprimée comme ci-dessus : elle représente *les acides insolubles dans l'eau, mais solubles dans l'alcool à 56°5.*

3° — *Les acides solubles dans l'eau* auront, pour les représenter, la différence entre les deux volumes de liqueur de potasse qui correspondent au soluble dans l'alcool et à l'insoluble dans l'eau. M. Robin a effectué un grand nombre d'essais dans ces conditions sur les beurres purs, sur la graisse de coco, et sur la margarine. En voici le résumé :

(1) Potasse pure à l'alcool 8 grammes, alcool à 95° q. s. pour 100 cc.

2

		Soluble alcool	Insoluble eau	Soluble eau	Rapport $\left(\dfrac{\text{Insoluble eau}}{\text{Soluble eau}}\right)$
Beurre pur	maximum	14.83	8.31	6.66	12.7
	minimum	11.67	5.51	5.92	8.3
Margarine		2.67	2.56	0.11	232.7
Coco alimentaire........		46.69	44.71	1.98	225.9

Cette méthode est très simple et très pratique. Comme les nombres qu'elle donne ne sont que relatifs et ne représentent pas les acides gras exacts de chaque groupe, il faut avoir bien soin d'opérer toujours de la même façon et de suivre exactement les recommandations de l'auteur.

PROCÉDÉ J. BELLIER

M. J. Bellier, directeur du laboratoire municipal de Lyon, a imaginé un procédé très sensible qui repose sur les considérations suivantes :

Le beurre de vache est composé de glycérides, les uns solubles et fixes, les autres insolubles et volatils, d'autres enfin solubles dans l'eau et volatils.

L'ensemble de ces acides provenant de cent grammes de beurre sature en moyenne 22.8 de potasse KOH (indice de Koëtstorfer). La graisse de coco est composée de même ; mais, renfermant des acides insolubles et fixes de poids moléculaires, etc., inférieurs (acide laurique, etc.) et des acides volatils insolubles en plus grande quantité que le beurre, leur ensemble exige pour leur saturation une quantité de base plus grande en moyenne : 25.8 de KOH pour 100 grammes de coco.

Les graisses animales ne contiennent pratiquement que des acides fixes et insolubles ; leur ensemble exige pour leur saturation 19,6 de potasse KOH. La margarine donne des chiffres peu différents.

Il est possible, en faisant réagir sur des solutions de savon de potasse neutre de beurre de vache et de graisse de coco, des sels métalliques appropriés, de précipiter à l'état de sels insolubles soit les acides gras insolubles et fixes seulement (magnésie, etc.), soit les acides insolubles et fixes avec partie des acides insolubles volatils (baryum, etc.), soit la totalité des acides fixes et insolubles et la totalité des acides volatils insolubles (cuivre, plomb, etc.), sans toucher aux acides volatils solubles.

Les acides volatils solubles de 5 grammes de beurre de vache saturent en moyenne 28 cc. d'alcali décinormal (Indice de Reichert, Meissl-Wolny, RMW), soit 0,1568 de potasse KOH ou 3 gr. 136 % de beurre.

Les acides volatils solubles de 5 grammes de graisse de coco saturent de 10 à 11 cc. d'alcali décinormal, soit 0,0588 de potasse KOH ou 1,176 % de graisse de coco.

Si l'on soustrait la quantité de KOH nécessaire pour saturer les acides volatils solubles de l'indice de Kœttstorfer total, on trouve :

Beurre de vache.............. $228 - 31.36 = 196.64$
Saindoux .... $196 - 0 = 196.$
Graisse de coco.............. $258 - 11.76 = 246.24$

Les acides gras insolubles du beurre de vache et ceux du saindoux exigent donc sensiblement la même quantité de base pour leur saturation. Ceux de la graisse de coco en exigent, au contraire, une quantité beaucoup plus grande.

Si on ajoute à une solution neutre de savon de potasse la quantité théorique de sel métallique nécessaire pour précipiter exactement la totalité des acides insolubles fixes et des acides volatils du beurre de vache, et qu'on filtre après vive agitation, le filtrat ne renferme ni excès de sel métallique, ni excès de sels alcalins d'acides gras précipitables par le même sel métallique. Par conséquent, en ajoutant au filtratum une nouvelle quantité de sel métallique précipitant, il doit rester limpide ou sensiblement.

Avec le saindoux ou la margarine, il en est de même, puisqu'ils exigent la même quantité de base.

Si, au contraire, on ajoute à du savon de potasse neutre de graisse de coco la quantité théorique de sel métallique nécessaire pour précipiter exactement tous les acides insolubles fixes et volatils du même poids de beurre de vache que celui de graisse de coco mise en expérience, la quantité de sel métallique sera insuffisante pour précipiter la totalité des acides insolubles fixes et volatils, et, pour 100 grammes de graisse de coco, il restera, à l'état de sels de potasse solubles, un poids de ces acides gras correspondant à 4 gr. 954 de potasse KOH.

Si donc, après une vive agitation, on filtre, on doit obtenir un filtrat précipitant abondamment par le même sel métallique ; c'est, en effet, ce que vérifie l'expérience.

En pratique, la filtration avec excès de savon alcalin soluble est impossible en employant la solution métallique seule : on tourne cette difficulté en ajoutant un sel alcalin soluble ayant, comme acide, un acide qui ne puisse gêner en rien la réaction, sel indifférent dont le rôle consiste uniquement à faciliter l'agglomération du précipité.

Les faits théoriques exposés ci-dessus permettent d'établir une méthode très sensible, qui conduit sûrement à la découverte de la graisse de coco, soit dans le saindoux, soit dans la margarine, soit dans le beurre, la présence dans ce dernier, de saindoux ou de margarine ne contrariant en rien la réaction.

Les seuls métaux précipitant la totalité des acides insolubles fixes et volatils, peuvent dans tous les cas conduire à un résultat exact.

Avec la magnésie, par exemple, dans un mélange en proportions convenables de beurre, margarine et graisse de coco, cette dernière échapperait à l'analyse, parce qu'elle renferme une quantité d'acides non précipitables par cette base, supérieure au beurre et qu'il est possible avec de la margarine d'établir une compensation.

M. Bellier s'est arrêté, après de très nombreuses expériences, au cuivre, parce qu'il remplit bien le but cherché et que la liqueur d'épreuve en est très facile à préparer. Ses sels présentent cependant l'inconvénient de posséder une réaction acide qui oblige à opérer en milieu un peu alcoolique.

Manière d'opérer. — On prépare une liqueur d'épreuve contenant pour un litre 21 gr. 85 de sulfate de cuivre chimiquement pur et 50 grammes de sulfate de soude pur.

On pèse dans un Erlemneyer de 50 à 75 cc. un gramme de beurre bien desséché et bien filtré : on ajoute 5 cc. de solution alcoolique normale de potasse ; on chauffe en imprimant un mouvement circulaire jusqu'à dissolution complète du beurre. On ferme avec un liège pour éviter l'évaporation de l'alcool, et on abandonne pendant un quart d'heure à une température de 60° à 70°. Après ce temps, on ajoute quelques gouttes de phénolphtaléine et, goutte à goutte, l'acide sulfurique demi-normal jusqu'à décoloration de la phénolphtaléine. On détermine ainsi l'indice de Kœttstorfer. On ajoute maintenant au liquide de la soude normale pour ramener au rose, puis en faisant couler lentement et en imprimant au vase un mouvement circulaire, 20 cc. exactement de la solution de cuivre. On place le vase dans de l'eau chauffée à 80° ; lorsque le précipité s'est suffisamment contracté et se sépare nettement du liquide, on enlève le vase et laisse complètement refroidir (ne pas chauffer à l'ébullition, parce que le sel fond et se fixe aux parois : il est, en outre, plus difficile à laver).

On jette sur un filtre de 9 centimètres de diamètre, plié en quatre et taré après dessiccation ; on ajoute au filtrat limpide quelques gouttes de la liqueur de cuivre :

Deux cas peuvent se présenter : 1° — Le liquide reste limpide ou bien louchit légèrement : beurre pur ou contenant de la margarine ou du saindoux, mais pas de graisse de coco ; 2° — Trouble sensible qui se rassemble assez facilement en flocons : présence de coco en proportion ne dépassant pas 10 % ; 3° — Trouble ou précipité très abondant : présence de coco en plus grande quantité.

La recherche qualitative du coco s'arrête ici. Pour la recherche de la margarine et le dosage du coco, l'analyse se poursuit comme l'a indiqué l'auteur en 1907. (Voir *Revue Internationale des Falsifications*, janvier-février 1907, page 23, etc.). Nous arrêtons ici la description de cette méthode ; il nous suffit d'avoir indiqué par quel moyen relativement simple il a pu mettre en évidence une faible quantité de coco dans le beurre, car à partir de 7 % environ on peut compter sur l'efficacité de son procédé.

PROCÉDÉ REICHERT ET SES MODIFICATIONS

La première idée du dosage des acides volatils du beurre est due à Reichert : Il saponifie par la soude alcoolique 2 gr. 5 de beurre filtré et sec ; il décompose le savon par un acide, et distille le tout, en aidant la distillation par un courant d'air. On recueille 50 cmc. du produit distillé dont on détermine l'acidité au moyen de la soude déci-normale.

MODIFICATION MEISSL

Dans la méthode précédente, on titre la totalité des acides volatils solubles et insolubles : la modification Meissl consiste en ce qu'on fait la saponification sur 5 grammes de beurre et qu'on recueille 110 cc. de distillat. On passe sur un filtre sec pour séparer les acides volatils insolubles AVS et on recueille 100 cmc. de filtrat. Le dosage est opéré avec la soude décinormale et on ajoute 1/10 du résultat pour avoir la totalité de AVS passés à la distillation.

MODIFICATION WOLNY

Wolny, en utilisant la méthode R. M. s'est attaché à éviter quelques causes d'erreur et a fixé la méthode R.M.W. par le modus faciendi suivant :

Le beurre à examiner est fondu à 50° décanté et filtré. Dans un ballon rond de 300 cc. dont le col a 7 ou 8 centimètres de long, et 2 centimètres de diamètres, on pèse exactement 5 grammes de beurre filtré, puis on introduit 10 cmc. d'alcool pur à 90° et 2 cmc. d'une solution de soude caustique à 50 % et on raccorde avec un condensateur à reflux. On chauffe au bain-marie, en agitant ; en 15 ou 20 minutes, la saponification est achevée. Le ballon est alors séparé du condensateur et l'alcool est chassé complètement par évaporation. Cette évaporation doit être opérée minutieusement, afin d'éviter l'absorption de l'acide carbonique de l'air par la soude caustique. Après la séparation complète de l'alcool, on introduit dans le ballon 100 cmc. d'eau distillée et on chauffe au bain-marie pour opérer la dissolution du savon. On verse alors dans la solution chaude 40 cmc. d'acide sulfurique dilué (25 cmc. d'acide sulfurique pur dans 1 litre d'eau), afin de décomposer le savon et de mettre les acides gras en liberté. Après avoir introduit dans le ballon quelques fragments de pierre ponce, afin de régulariser l'ébullition, on le raccorde à un condensateur au moyen d'un bouchon portant un tube de 7 millimètres de diamètre sur lequel est soudé, à deux centimètres du bouchon qui ferme le ballon, une boule de 2 centimètres de diamètre. Au-dessus de la boule, ce tube coudé à angle droit se relie par un bouchon ou un tube de caoutchouc à un réfrigérant. La distillation doit être conduite lentement au début ; on n'active l'ébullition que lorsque les acides gras forment une couche limpide à la surface du liquide. La distillation doit être conduite de façon à obtenir dans une demi-heure 110 cc. de liquide que l'on recueille dans un ballon jaugé. Le distillatum est versé sur un filtre sec afin de séparer les acides volatils concrets. On recueille ainsi 100 cc. que l'on titre, avec la soude décinormale en employant la phtaléine du phénol comme indicateur. Au nombre de centimètres cubes d'alcali décinormal employé, on ajoute 1/10 pour obtenir un volume correspondant exactement aux acides volatils solubles entraînés dans la distillation.

Lorsqu'on emploie cette méthode, on doit faire, au préalable, une expérience à blanc, afin de fixer la correction à faire subir aux nombres trouvés.

Voici quelques résultats donnés par ce procédé (Wolny) :

Beurres au-dessus de	30 cmc.	....	4,60 %
— entre	29 cmc. et 30 cmc.	.....	11,30 %
— entre	26 cmc. et 29 cmc.	.....	70,50 %
— entre	25 cmc. et 26 cmc.	.....	11,30 %
— au-dessous de	25 cmc.	....	2,30 %

En 1901, M. Reickler (*Bulletin du Ministère de l'Agriculture,* 1900, décembre) fit paraître une note relative à la recherche du coco dans le beurre. Il détermina à côté de l'indice R.M.W. un indice qui se rapporte à la totalité des acides volatils. Dans ce but, il fit la saponification de 5 grammes de graisse et toutes les opérations ultérieures, y compris la distillation : mais au lieu de filtrer le distillatum, il le transvase dans une fiole conique et lui ajoute 50 cmc. d'alcool ; il obtient une liqueur homogène opalescente et il en fait le titrage acidimétrique. On met en parallèle les résultats des deux modes opératoires et en les comparant on a un rapport qui varie considérablement suivant la nature de la graisse. Pour le beurre, il atteint 0,9, c'est-à-dire que sur 100 parties d'acides gras volatils, il y en a 90 de solubles.

MODIFICATION MOUGNAUD

Frappé par l'inconvénient qui résulte dans le procédé Reickler de deux opérations successives, l'une pour déterminer les acides volatils solubles, l'autre les acides volatils totaux, M. Mougnaud, Docteur en pharmacie (*Thèse de Doctorat,* Paris, Naud, éditeur, 1902) s'est arrêté au mode opératoire suivant :

Après avoir fait la saponification de 5 grammes de corps gras, par l'un des procédés déjà énoncés, on dissout le savon dans une quantité suffisante d'eau distillée et on ajoute l'acide qui doit mettre les acides gras en liberté. Le tout est contenu dans un ballon de 300 à 400 cmc. On ajoute quelques fragments de charbon de cornue pour régulariser l'ébullition. Le ballon est placé verticalement sur une grille métallique : on le ferme avec un bouchon en caoutchouc percé d'un trou donnant passage à un tube de verre de 10 centimètres de long formant ampoule vers son milieu. Cette ampoule est remplie de coton de verre qui arrête les parcelles d'acides gras non volatils qui pourraient être entraînées mécaniquement. Le tube de verre est raccordé par un tube en caoutchouc avec un réfrigérant descendant, à l'extrémité duquel on place un ballon jaugé de 110 cmc. L'appareil étant ainsi disposé, on chauffe de façon à distiller 110 cmc. en 20 à 25 minutes : On filtre 100 cmc. de distillat, qui serviront à déterminer l'indice R.M.W. On place le filtre sur le récipient qui contient les 10 cmc. de distillat restant. D'un autre côté, on fait passer dans le réfrigérant condensateur 50 cmc. d'alcool pour dissoudre les AV insolubles qui ont pu s'y déposer et, avec cet alcool, on lave soigneusement le filtre.

On a ainsi une solution hydroalcoolique qui contient, en plus des AVS de 10 cmc de distillat, tous les AVI passés à la distillation. On fait bouillir la première solution au réfrigérant ascendant et on titre les deux à l'eau de baryte en présence de phénolphtaléine. On a ainsi tous les éléments nécessaires à l'établissement du rapport des acides volatils solubles aux acides volatils insolubles.

PROCÉDÉ MÜNTZ ET COUDON

La méthode de Müntz et Coudon, bien que plus délicate que la méthode de Reichert-Meissl, fournit des nombres plus rapprochés de la vérité, car elle permet de séparer les acides volatils solubles et insolubles ; elle est basée sur ce fait que la plus grande partie des acides gras volatils du beurre est soluble dans l'eau, une petite quantité seulement étant insoluble ; tandis que, dans le beurre de coco, une très petite quantité seulement des acides gras volatils est soluble dans l'eau, la plus grande partie étant insoluble.

Dans un bécher de 5 centimètres de diamètre et de 8 centimètres de hauteur, peser très exactement 10 grammes de beurre fondu et filtré et avant qu'il ne soit refroidi et figé, l'additionner de 5 cc. d'une solution concentrée et chaude préparée comme il suit :

Potasse caustique à l'alcool.................. 120 gr.
Eau distillée, quantité suffisante pour :...... 100 cc.

(Si cette solution cristallisait par refroidissement à la température ordinaire, on l'étendrait jusqu'à ce que la potasse reste dissoute à cette température.)

Mélanger exactement la matière grasse et la solution alcaline, en l'agitant pendant 20 minutes au moyen d'un agitateur. Au bout de ce temps, la masse est dure : placer le bécher pendant 20 minutes dans une étuve portée à 70°-80°.

On écrase, et on place le savon ainsi obtenu dans un ballon à distiller (en verre de bohême d'une capacité de 500 cc. jusqu'à la naissance du col qui a une longueur d'environ 9 centimètres et un diamètre de 20 millimètres) avec 200 cc. d'eau distillée qui ont servi complètement à laver le bécher, et on chauffe légèrement sur un bec bunsen, en évitant toute évaporation. Quand le savon est dissous, on l'additionne de 30 cc. d'acide phosphorique sirupeux à 45° B, dilué de 2 volumes d'eau. On ajoute alors quelques grains de pierre ponce, et on soumet au vide le mélange pendant 15 minutes pour enlever l'acide carbonique absorbé par la potasse.

On relie le ballon à un réfrigérant en verre en ayant soin, pour opérer un fractionnement plus complet d'interposer entre ce dernier et le ballon un tube de rectification de forme spéciale et de dimensions données. (Ce tube de rectification est fabriqué avec un tube de verre de 1 mètre de long, de 16 milimètres de diamètre extérieur, et de 14 millimètres de diamètre intérieur, replié en S plusieurs fois sur lui-même. Son extrémité inférieure, taillée en biseau, est fixée au moyen d'un bouchon de caoutchouc au col du ballon à distiller. Près de sa partie supérieure, on soude un tube latéral que l'on relie au réfrigérant. L'orifice supérieur du tube à rectification est fermé avec un bouchon en caoutchouc. La distance qui est comprise entre le biseau inférieur et la tubulure du haut doit être de 35 centimètres avec un développement total de 92 centimètres.)

Le ballon chauffé directement par la flamme d'un brûleur Bunsen repose sur un anneau de cuivre de 6 centimètres de diamètre intérieur, afin d'éviter toute surchauffe : enfin la flamme du brûleur est réglée de façon que la distillation dure environ une heure et demie.

On recueille 200 cc. et on arrête l'opération. Dans le ballon jaugé, on a un liquide plus ou moins louche avec des gouttelettes huileuses à la surface. On le laisse reposer du jour au lendemain, puis on filtre sur un petit filtre sans plis, préalablement mouillé. On rince le ballon avec 5 cc. d'eau, qu'on jette sur le filtre.

α. *Acides volatils solubles.* — Le liquide filtré est titré au moyen de la solution de soude décinormale, ou mieux de l'eau de chaux en présence de deux gouttes de phtaléine de phénol. On s'arrête à la teinte rosée persistante pendant quelques secondes dans la masse entière.

Soit N cc. de soude $\frac{N}{10}$; P le poids exact de la prise d'essai : $5 \times \frac{N}{P}$ = Acides volatils solubles exprimés en nombre de centimètres cubes de solution alcaline $\frac{N}{10}$ nécessaire pour saturer les acides volatils solubles dans l'eau de 5 grammes de beurre (c'est donc l'indice de R. M.)

Pour évaluer ces acides en acide butyrique pour 100 grammes de beurre, on aurait : AVS en acide butyrique $= 0,88 \times \frac{N}{P}$.

β. Acides volatils insolubles. — On place le ballon jaugé de 200 cc. sous l'entonnoir qui contient le filtre ; on lave ce dernier quatre fois avec 5 cc. d'alcool chaque fois. Le lavage du filtre étant terminé, on place le ballon jaugé sous le réfrigérant dont on a, au préalable, obturé l'extrémité recourbée d'un petit entonnoir dans lequel on verse 20 cc. d'alcool neutre à 95°. On laisse l'alcool y séjourner quelques minutes, puis on ouvre la pince, et on fait couler dans le ballon. On rince encore une fois le réfrigérant de la même façon avec 5 cc. d'alcool.

On a ainsi dans le ballon la totalité des A.V.I. que l'on titre comme précédemment en présence de 4 gouttes de phtaléine de phénol.

Acides insolubles de 100 parties de beurre $= 0,88 \frac{N}{P}$

On calcule ensuite le rapport : $\frac{AVI}{AVS} \times 100$.

Lorsque MM. Müntz et Coudon imaginèrent la méthode qui porte leur nom, ils l'appliquèrent à l'examen de 107 beurres purs authentiques, d'origines diverses, et obtinrent les résultats suivants :

	AVS	AVI	Rapport
Minimum	4.79	0.256	9.1
Maximum	6.01	0.87	15.6
Moyenne	5.20	0.56	12.04

La graisse de coco essayée par cette méthode donne un rapport variant de 250 à 280.

MÉTHODE OFFICIELLE

La méthode officielle n'est que l'application des principes sur lesquels sont basés les procédés précédents avec quelques modifications de détail.

On emploie comme réactif :

De la glycérine pure à 30°B. ($D = 1,26$).

Une lessive de soude obtenue en dissolvant, 50 grammes de soude caustique à l'alcool, non carbonatée dans 50 grammes d'eau.

2 cc. de cette liqueur doivent saturer 30 à 35 cc. de l'acide suivant : Solution aqueuse d'acide sulfurique contenant 25 cc. d'acide à 66° Baumé, par litre :

Solution aqueuse $\frac{N}{10}$ de soude ou de potasse.

Pratique de l'essai. — 1° Dosages des A.V.S.

Dans une fiole conique dite d'Erlenmeyer, d'une contenance de 300 cc. environ, introduire au moyen d'un tube effilé le beurre fondu et en peser exactement 5 grammes. Verser dessus : 20 cc. de glycérine à 30° B., 2 cc. de lessive de soude, ou la quantité voisine de 2 cc.

qui est capable de saturer 30 cc. de SO^4H^2. Placer sur une toile métallique chauffée par un bec Bunsen, ouvert de telle façon que sa flamme trace sur la toile métallique un cercle rouge ayant approximativement la moitié du diamètre du fond de la fiole. Chauffer en agitant jusqu'à ce que la masse qui, au début, mousse au point de déborder (ce qu'on évite en éloignant l'essai de la flamme) soit devenue tranquille et parfaitement homogène, résultat obtenu en 5 à 7 minutes environ ; s'assurer qu'il n'y a bien qu'une couche de liquide homogène, laisser refroidir 4 à 5 minutes sur un papier (pour isoler de la table) ajouter avec précaution et d'abord goutte à goutte pour prévenir tout débordement 90 cc. d'eau bouillante dans laquelle le savon se dissout (en fournissant un liquide limpide) 50 cc. d'acide sulfurique à 25 cc. par litre et environ 0 gr. 1 de pierre ponce pulvérisée. Boucher la fiole avec un tube de 10 centimètres de long (environ) portant en son milieu une petite boule préalablement remplie d'amiante ou de laine de verre : atteler à un réfrigérant descendant, et distiller en chauffant vivement. La flamme du bec de Bunsen doit s'étaler sur presque toute la surface inférieure de la fiole conique. De cette façon, on distille facilement en 30 à 35 minutes les 110 cc. de liquide nécessaire pour le titrage. Il est indispensable de distiller en 30 à 35 minutes environ et de recueillir 110 cc.

Faire tomber dans le ballon contenant le liquide distillé gros comme un pois de talc, boucher au liège et retourner doucement et complètement le ballon sur lui-même de façon que le talc reste à la surface du liquide. Agiter alors énergiquement pendant une demi-minute en imprimant au ballon des secousses latérales très précipitées. Retourner à nouveau le ballon, filtrer le liquide sans perte, sur un filtre sec et sans plis de 4 à 5 centimètres de diamètre, recueillir exactement 100 cc. et mesurer leur acidité au moyen d'alcali déci-normal en présence de phtaléine du phénol. Le nombre de centimètres cubes V utilisés doit être multiplié par 11 pour donner la mesure de l'acidité contenue dans les 110 cc. Il faudrait le multiplier à nouveau par 1.1 pour le transformer en indice de Reichert. Mougnaud a, en effet, constaté qu'on pouvait avec assez d'exactitude passer de l'indice Leffmann Beam à l'indice Reichert en ajoutant un dixième à la valeur trouvée.

2° Dosages des acides volatils insolubles.

Les acides volatils insolubles retenus en majeure partie par le talc se trouvent répartis dans trois récipients différents :

1° Dans le tube du réfrigérant de l'appareil de distillation ;

2° Dans le ballon de 110 cc. ;

3° Sur le filtre avec le talc.

Pour les réunir, enlever la fiole et son tube à boule et les remplacer par une autre fiole contenant de l'alcool à 90°, fermée par un bouchon donnant passage à un tube de verre qu'un caoutchouc permet de relier au réfrigérant descendant.

Chauffer l'alcool de façon à en distiller 50 cc. qui suffisent parfaitement pour dissoudre les acides retenus par le réfrigérant. •

Le filtre contenant le talc étant placé sur le ballon de 110 cc. qui renferme le distillatum non employé, le crever avec un fil de platine, puis le laver complètement avec les 50 cc. d'alcool distillé précédemment, ajouter au liquide le filtre lui-même et quelques gouttes de phtaléine de phénol pour doser l'acidité avec une liqueur alcaline décime :

Le nombre A de centimètres cubes employés doit subir deux corrections :

il faut d'abord en retrancher l'acidité de 10 cc. de liquide aqueux, laquelle est $\frac{V}{10}$ puis l'acidité due à l'alcool et qu'on détermine par un titrage direct effectué sur 50 cc. d'alcool, acidité correspondant à Ccc d'alcali décime ; dès lors, on a :

$$AVI = A - (\frac{V}{10} - C)$$

La méthode officielle française exprimant les A.V. en acide butyrique pour 100 grammes de beurre, et l'indice de R. M. les exprimant en centimètres cubes d'alcali $\frac{N}{10}$, nécessaire pour saturer les acides de 5 grammes de beurre, les deux résultats ne sont pas comparables. On transforme l'indice de R.M. en chiffre officiel français en le multipliant par la constante 0,2.

PROCÉDÉ WAUTERS

Nous résumons le procédé imaginé par M. Wauters qui est devenu classique en Belgique, renvoyant le lecteur pour plus de détails au *Bulletin de l'Association des Chimistes belges*, numéro de janvier 1901. Cette méthode est basée sur le dosage des A.V.I. Wauters opère en saponifiant 5 gr. 92 de beurre par une lessive de soude analogue à celle employée dans le procédé précédent. On dissout le savon dans 150 cmc. d'eau et on ajoute 50 cmc. d'acide sulfurique à 5 % en volume. On distille 100 cmc. en 30 à 35 minutes, puis on ajoute 100 cmc. d'eau bouillante et l'on distille à nouveau 100 cmc. Chaque distillat est titré de la façon suivante : On le filtre. On recueille 50 cmc. et on titre à la soude décinormale, on lave le filtre avec 50 cmc. d'alcool à 95° que l'on ajoute aux 50 cmc. restant et on titre à nouveau. La différence entre les deux chiffres donne les A.V.I. L'indice ainsi obtenu varie de 3,30 à 3,95 pour les beurres purs.

En Hollande et dans certains laboratoires allemands, on fait usage d'une méthode basée sur le même principe et ne différant de la méthode belge que par des détails d'une importance secondaire dans le mode opératoire pour l'extraction des acides volatils, dont on prend l'indice.

argentique. Mais quand on met en œuvre l'une ou l'autre de ces méthodes, leurs détails doivent être scrupuleusement observés, et ce n'est qu'à cette condition que l'on obtient des résultats comparables. Il faut bien se pénétrer qu'aucune des méthodes basées sur les dosages d'acides volatils ne réalise ces dosages d'une façon absolue. Elles constituent seulement des procédés susceptibles de donner par comparaison des indications qui devront être appuyées, corroborées par l'examen des autres constantes du beurre, et sous la condition que les détails des procédés seront scrupuleusement suivis.

PROCÉDÉ POLENSKE

Il repose encore sur la détermination titrimétrique des A.V.S. et des A.V.I. dont la teneur présente avec l'indice de R.M. la relation importante dont nous avons parlé plus haut.

On opère de la façon suivante : On saponifie 5 grammes de beurre à essayer, bien sec et bien limpide dans une fiole de 300 cmc. avec 2 cmc. de lessive de soude à 50 % et 20 grammes de glycérine, dissout le savon dans 90 cmc. d'eau bouillie et distille après addition de 50 cmc. d'acide sulfurique étendu (25 cc. SO^{4}H^2 p. 1000 cc.) et d'une pincée de ponce en grains, de manière à recueillir 100 cmc. dans l'espace de 19 à 21 minutes. On laisse refroidir le distillat par immersion dans l'eau froide, en agitant l'éprouvette de manière à réunir les acides à la surface. On filtre le distillat sur un filtre sans plis et titre à la manière habituelle. On lave le filtre trois fois avec 15 cmc. d'eau chaque fois en employant l'eau qui a servi au lavage du réfrigérant et de l'éprouvette graduée, et puis trois fois avec 15 cmc. d'alcool à 90° bien neutre. On titre alors les acides dissous dans l'alcool avec de l'alcali $\frac{N}{10}$. En cas de beurre pur, on en emploierait 1,5 à 3 cmc. et avec le beurre de coco de 16,8 à 17,8 cmc. Le chiffre ainsi obtenu a été désigné par l'auteur, sous le nom « nouvel indice de beurre ». Par l'addition de beurre de coco, cet indice est élevé, tandis que l'indice de Meissl est abaissé. L'augmentation de ce nouvel indice est de 0,1 par chaque pour cent de beurre de coco en présence. Cette méthode est surtout employée en Allemagne depuis 1904. Comme toutes les méthodes basées sur l'évaluation des acides volatils, elle semble avoir perdu de son importance depuis l'entrée en scène de méthodes plus précises que nous décrirons plus loin : (méthodes de Cesarò et de Böhmer) ; néanmoins, elle constituera toujours un élément d'appréciation indispensable pour l'expert désireux de s'entourer de toutes les garanties.

PROCÉDÉ WYSMANN ET REYST

Ces auteurs recherchent la graisse de coco par l'indice argentique des A.V.S. : 5 grammes de beurre fondu et filtré sont placés dans un ballon de 300 cc. avec quelques fragments de ponce granulée : 20 grammes de glycérine et 2 cc. d'une solution de soude caustique exempte de carbonate. Ces 2 cc. d'alcali devront neutraliser 30 à 35 cc. d'une solution sulfurique contenant 25 cc. d'acide sulfurique pour 1000 cc. d'eau.

Chauffer sur toile et agiter fréquemment jusqu'à la saponification totale. Reprendre le savon ainsi formé par 90 cc. d'eau bouillante et ajouter la solution sulfurique en quantité équivalente aux 2 cc. de soude : les acides gras sont mis en liberté. Adapter un réfrigérant au ballon et distiller 110 cc. de liquide en 30 à 40 minutes au plus. Agiter ce liquide afin de le mélanger, filtrer sur un filtre sec et prélever 100 cc. du filtrat que l'on neutralise par une liqueur décinormale de soude en présence de phtaléine.

Par addition de 40 cc. de nitrate d'argent décinormal, on obtient un précipité que l'on filtre et lave jusqu'à obtention de 200 cc. de filtrat : verser dans ce dernier 50 cc. de chlorure de sodium décinormal, deux gouttes de solution saturée de chromate neutre de potassium et de la solution décinormale de nitrate d'argent, jusqu'à teinte rouge faible permanente ; n étant le nombre de centimètres cubes de liqueur d'argent employée, le premier indice argentique sera 1,1 ($n - 100$).

Répéter cet essai une deuxième fois, en ayant soin de recueillir 300 cc. de liquide distillé. Pour cela, ajouter 100 cc. d'eau dans le ballon toutes les fois que cette même quantité sera passée à la distillation. Agiter le liquide distillé, filtrer sur filtre sec, prélever 200 cc. du filtrat ; neutraliser exactement à la phtaléine et ajouter 40 cc. d'azotate d'argent décinormal. Filtrer, laver pour avoir 350 cc. de liquide, additionner de 50 cc. de solution décinormale de chlorure de sodium, de 2 gouttes de chromate de potassium en solution saturée, et de liqueur décinormale d'azotate d'argent jusqu'à virage. Soit n' le nombre de centimètres cubes employés 1,2 ($n' - 10$) représente le deuxième indice argentique.

Si ce deuxième indice argentique est plus fort que le premier, on peut conclure à la présence de la graisse de coco dans le beurre examiné.

Comme conclusion à l'emploi de cette méthode, nous extrayons de la *Revue de la Société Scientifique d'Hygiène Alimentaire*, août-septembre 1905, les lignes suivantes :

« Nous offrons, comme exemple de l'application de cette méthode, tout d'abord les résultats obtenus à l'aide de deux beurres, certainement purs, mais dont le premier, à cause du rapport anormal existant entre l'indice de réfraction et l'indice R. M., pourrait être considéré comme renfermant de l'huile de coco, et dont le second est remarquable par un indice R. M. très bas. Nous avons trouvé pour ces deux beurres :

	I	II
Indice de réfraction...............	42.6 ...	46.2
Indice de R. M....................	25.0 ...	19.4
Premier indice argentique...........	4.73...	2.10
Second indice argentique...........	4.62...	2.00

On voit donc que ces beurres, quasi-anormaux, se sont comportés normalement avec notre méthode. »

Nous donnons ci-dessous un tableau, résumant l'analyse de quelques échantillons de beurres purs, auxquels nous avons ajouté respectivement 5 % et 10 % d'huile de coco

	Acides gras volatils en cc. de soude $\frac{n}{10}$ dans le distillat de		Indice argentique dans le distillat de		Différence entre le 2e indice argentique et le 1er
	110 cc. Indice R. M.	300 cc.	110 cc. 1er indice argentique	300 cc. 2e indice argentique	
Beurre n° 1.	21.1	24.4	3.1	2.6	— 0.5
avec 5 0/0 d'huile de coco . .	18.7	25.0	5.5	6.2	+ 0.7
— 10 0/0 —	18.9	25.1	5.4	7.8	+ 2.4
Beurre n° 2.	21.5	26.9	4.1	3.7	— 0.4
avec 5 0/0 d'huile de coco . .	19 7	26.9	3.6	7.1	+ 3.5
— 10 0/0 — . .	19.9	27.0	5.1	8.3	+ 3.2
Beurre n° 3.	22.55	25.1	4.8	4.45	— 0.35
avec 5 0/0 d'huile de coco . .	22.1	25.6	4.0	8.3	+ 4.3
— 10 0/0 — . .	21.0	25.6	4.8	9.2	+ 4.4
Beurre n° 4.	22.6	26.2	4.5	4.3	— 0.2
avec 5 0/0 d'huile de coco . .	22.2	27.5	4.1	8.2	+ 4.1
— 10 0/0 — . .	21.7	27.4	5.1	8.4	+ 3.3
Beurre n° 5. . . , . . .	23.4	27.0	4.8	4.8	0
avec 5 0/0 d'huile de coco . .	23.1	27.4	5.6	7.4	+ 1.8
— 10 0/0 — ' . .	23.0	28.6	5.5	8.3	+ 2.8

Les procédés que nous venons de décrire appartiennent au groupe qu'on peut appeler : *Groupe des procédés chimiques proprement dits.* Nous allons passer maintenant au groupe des procédés qui méritent plutôt l'appellation de procédés physiques. Ils sont basés, en effet, sur l'emploi du microscope ou sur la détermination des points de fusion de substances spéciales faisant partie de constitution des graisses végétales ou animales. Ces méthodes étant qualitatives et mettant en relief des éléments spécifiques sont, en quelque sorte, formelles. Il s'ensuit que les méthodes précédentes qui ont, certes, bien leur valeur, sont devenues, de ce fait, des méthodes accessoires, des procédés de simple confirmation.

PROCÉDÉ OPTIQUE — PROCÉDÉ CÉSARO

La graisse de coco, telle que le commerce la fournit actuellement, renferme de nombreux cristaux. Ce sont des cristaux de forme aciculaire, en aiguilles un peu aplaties, souvent agglomérées en pinceaux òu en éventails. En 1907, M. Césarò, professeur à l'Université de Liége (*Bull. Académ. Royale de Belgique,* cl. des sciences n° 12) a publié un procédé basé, pour la caractérisation de la cocoline, sur l'étude optique du glycéride prépondérant dans la constitution de ce corps gras.

La caractéristique des cristaux de coco, après orientation par laminage, consiste :

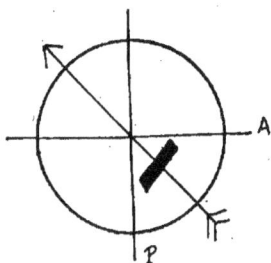

Fig. 1 Axe du mica croisé avec l'allongement

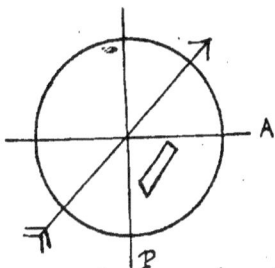

Fig. 2 Axe du mica parallèle à l'allongement

1° En lumière parallèle dans la détermination du signe de l'allongement ;

2° En lumière convergente dans la position du plan des axes optiques.

1° *Examen en lumière parallèle.* — Si on lamine la masse à l'aide d'une spatule en progressant dans le même sens et dans la même direction, les microlites de coco s'alignent parallèlement entre eux.

On constate que le microlite s'éteint suivant sa longueur, lorsque celle-ci est dirigée suivant la section de l'un des nicols AP, tandis qu'il prend le maximum d'éclairement lorsque cette longueur est à 45° de cette section.

Les figures 1 et 2 montrent la forme que doit avoir le microlite après laminage pour qu'on puisse l'attribuer avec sûreté au coto.

La forme générale est celle d'une lamelle rectangulaire.

En outre, ils polarisent faiblement, donnant d'ordinaire le gris de premier ordre.

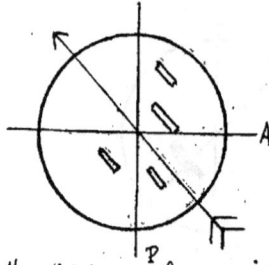

Fig. 3. Microlites de Cocoline avec l'axe du mica parallèle

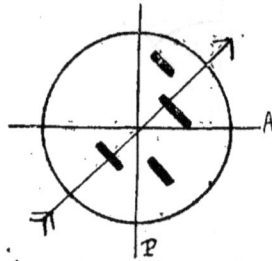

Fig. 4. Microlites de Cocoline avec l'axe du mica croisé

Lorsque les microlites sont placés à 45° de la section des nicols PA, si l'on introduit le mica 1/4 d'onde, on constate :

a) Que si l'axe du mica est croisé avec la longueur du microlite, celui-ci devient sombre (descente de la teinte) (fig. 4).

b) Tandis que si l'axe du mica 1/4 d'onde est dirigé suivant la longueur du microlite, celui-ci s'éclaire devenant blanc-jaunâtre (fig. 3).

On peut remplacer le mica 1/4 d'onde par une lame de gypse donnant une teinte sensible. On constate :

a) Que si l'axe du gypse est croisé avec la longueur du microlite, celui-ci descend vers l'orange.

b) Que si l'axe du gypse est parallèle à la longueur du microlite, la teinte de celui-ci monte vers le bleu.

Ces observations permettent de conclure à la détermination du signe optique de l'allongement et de constater que le coco donne des microlites à allongement positif, contrairement à ce que l'on constate avec les cristaux que l'on peut trouver dans les beurres purs.

2° Examen en lumière convergente. — La masse de coco fournit, après laminage, des microlites s'alignant parallèlement entre eux et donnant en lumière convergente une figure aussi nette que s'il s'agissait d'un cristal unique. On observe par rotation de la platine du microscope, des hyperboles très nettes, bien centrées, à sommets rapprochés.

On constate que la droite AB (fig. 5) qui joint les sommets est normale à l'allongement, c'est-à-dire que la position du plan des axes optiques est transversale à l'allongement.

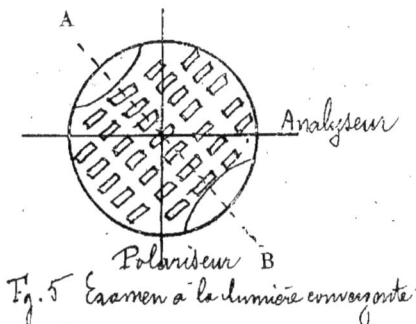

Fig. 5 Examen à la lumière convergente.

Lorsque la quantité de coco introduite dans le beurre est très faible et que les caractères ci-dessus n'apparaissent pas nettement, on les fait surgir en traitant la matière grasse par l'alcool. Pour cela, on fait agir sur 20 grammes de beurre 100 cmc. d'alcool à 95° à la température de 35°, de façon que le contact des molécules des deux substances soit le plus intime possible. On refroidit à +11° et on recueille le dépôt qui se sépare à cette température et c'est ce dépôt qui est ensuite examiné au microscope. Il est quelquefois nécessaire de faire encore sur ce dépôt un deuxième traitement avec 5 volumes d'alcool absolu, refroidissant ensuite à + 10° et recueillant un deuxième précipité. Souvent sur ce dépôt apparaissent avec netteté les caractères du coco qui étaient restés dissimulés grâce à la dilution de cette graisse et ainsi on peut retrouver jusqu'à 2 % de coco dans le beurre.

3

PROCÉDÉ BÖHMER — RECHERCHE DE LA PHYTOSTÉRINE

La plupart des corps gras contiennent à l'état naturel de petites quantités de matières insaponifiables constituées en grande partie par de la cholestérine pour les corps gras animaux par de la phytostérine pour les corps gras végétaux. A côté de ces deux corps caractéristiques, il en existe quelques autres sur la nature desquels on n'est pas encore entièrement édifié.

La cholestérine est un alcool, considéré par Windauss et Stein, Mäuthner, Schrötter, comme un composé terpénique complexe. On lui attribue la formule $C^{27}H^{46}O$.

La phytostérine (cholestérine des plantes) se trouve, d'après Lewkowitch, largement disséminée dans tout le règne végétal. On lui attribue la formule $C^{24}H^{44}O$. Dans la préparation des huiles et graisses végétales, de petites quantités de cet alcool passent dans le corps gras.

Le beurre de vache contient environ o gr. 30 pour 100 de cholestérine.

La graisse de coco contient de 0,17 à 0,23 pour 100 de phytostérine.

Ces constatations ont permis à M. le Professeur Böhmer d'instituer une méthode de recherche du coco dans le beurre, très sûre et très sensible. (*König-Untersuch*, etc., Bd III, 1910-52).

Les caractères différentiels des deux substances : cholestérine, phytostérine, sont :

1.º La forme cristalline ;
2º La solubilité dans l'alcool absolu ;
3º Le point de fusion des acétates respectifs.

La mise en évidence de la phytostérine comporte, en résumé, les opérations suivantes : Saponification de la graisse : dissolution des matières non transformées en savon (cholestérine et phytostérine) dans l'éther ; lavage et évaporation de la solution éthérée, dissolution dans l'alcool absolu, cristallisation répétée, examen microscopique des cristaux, transformation en acétates, purification et prise du point de fusion.

On opère habituellement sur 100 grammes de graisse : néanmoins, il est parfois nécessaire d'augmenter cette quantité et d'aller jusqu'à 200 grammes. On saponifie par la potasse alcoolique.

La solution de savon obtenue est épuisée trois fois par l'éther sulfurique, le résidu de l'opération saponifié une deuxième fois, la solution de savon épuisée par l'éther, le résidu de la solution éthérée dissous dans l'alcool absolu et abandonné à la cristallisation.

Les cristaux desséchés à 100º sont traités par l'éther de pétrole, (rectifié sous 50º c.).

Le résidu insoluble est acétylé par l'anhydride acétique ; les acétates obtenus sont soumis à trois cristallisations successives dans l'alcool absolu. On prend le point de fusion sur la dernière portion. Ce point de fusion F est corrigé suivant la formule :

$$F = T + n (T - t) \ 0,00015.$$

dans laquelle T = température observée de la fusion, t = température du milieu ambiant, n = longueur du mercure exprimée en degrés en dehors du bain de chauffage.

L'acétate de cholestérine fond à 114°-115°. Celui de phytostérine fond entre 125° et 137°. D'habitude on considère l'épreuve comme négative lorsqu'après la troisième cristallisation le point de fusion des cristaux d'acétates n'est pas supérieur à 117°.

En Allemagne, la méthode de Böhmer est très appréciée. Dans certains laboratoires, elle est éliminatoire. Quand ses résultats sont négatifs, jamais on ne conclut à la présence de graisse de coco.

V.

Détermination des principaux indices

Pour donner aux méthodes que nous venons de décrire toute la valeur probatoire que comporte une expertise de beurre, il est nécessaire de les contrôler les unes par les autres, ou du moins de ne faire état des résultats donnés par l'une d'elles qu'après avoir mis en œuvre un procédé reposant sur un principe différant de la première méthode employée ; il est aussi indispensable de ne conclure qu'après avoir étudié sur l'échantillon soumis à l'expérience la valeur des indices suivants :

1° *L'indice de saponification ou de Kottstorfer ;*
2° *L'indice de Crismer ou température critique de dissolution du corps gras dans l'alcool absolu ;*
3° *L'indice de Hehner ou proportion d'acides gras fixes insolubles contenus dans 100 parties de corps gras.*
4° *L'indice de Hübl ou indice d'Iode ;*
5° *L'indice réfractométrique.*

INDICE DE SAPONIFICATION OU DE KOTTSTORFER

L'indice de saponification est le nombre qui exprime la quantité de potasse KOH qui peut s'unir aux acides gras éthérifiés contenus dans un gramme de la substance employée.

Réactifs : 1° Solution alcoolique de potasse contenant exactement 56 grammes de KOH par litre.

2° Solution aqueuse d'acide chlorhydrique demi-normale, ou d'un titre très rapproché, mais exactement connu.

Pratique de l'essai. — La matière grasse étant amenée à l'état liquide, l'aspirer dans un tube effilé et la laisser tomber dans une fiole d'Erlenmeyer d'une contenance de 250 cc. et tarée à l'avance. En peser ainsi exactement 5 grammes, ce qui s'obtient aisément par l'emploi du tube effilé et au besoin par l'usage d'une bande de papier à filtrer que l'on manœuvre de façon à absorber le produit employé en excès. On doit s'attacher à ne pas souiller les parois du vase. Verser sur cette matière grasse 25 cc. de la solution alcoolique de potasse. En même temps, placer dans une autre fiole exactement semblable à celle qui contient la matière grasse 25 cc. de la solution alcoolique de potasse. L'alcali doit, dans les deux cas, être mesuré avec la plus grande exactitude. Chauffer chacun de ces vases pendant un quart d'heure au réfrigérant à reflux. Si, par le refroidissement, la matière ainsi saponifiée se prenait en masse, il suffirait de la réchauffer pour la faire repasser à l'état liquide et permettre ainsi le titrage. A cet effet, l'additionner d'une dizaine de gouttes d'une solution de phtaléine de phénol puis, l'acide chlorhydrique titré étant contenu dans une burette graduée, le laisser tomber goutte à goutte dans le liquide, en ayant soin d'agiter continuellement et cela jusqu'à ce que la coloration rouge disparaisse. Le virage est net : noter le nombre M de centimètres cubes d'acide employés.

D'autre part, répéter exactement la même opération avec le flacon témoin qui ne renferme que de la potasse. Comme précédemment, les additions d'acide ne se font qu'après avoir ajouté de la phtaléine du phénol, et sont poursuivies jusqu'à décoloration, ce qui exige un volume V d'acide.

On en conclut que les 25 centimètres cubes de liqueur alcaline employées à la saponification pouvaient saturer V centimètres cubes de la liqueur titrée d'acide chlorhydrique et que, d'autre part, après la saponification, il reste une quantité d'alcali libre qui sature M centimètres cubes d'acide chlorhydrique.

La potasse employée à saturer les acides gras mis en liberté par la saponification est donc capable de saturer V — M centimètres cubes d'acide chlorhydrique, et, comme un centimètre cube de celui-ci équivaut, d'après ce qui a été dit précédemment, à 0,056 de KOH, la quantité de potasse saturée par les acides gras est :

$$(V — M) \ 0,056.$$

Mais on a opéré sur 5 grammes de corps gras. Pour exprimer la quantité d'alcali qui aurait été employée pour 1 gramme de cette même matière, il faut diviser le nombre précédent par 5. On a alors pour l'indice de saponification la valeur en grammes :

$$\frac{(V — M)}{5} \ 0,056.$$

On doit l'exprimer en prenant le gramme pour unité.

Remarque. — La saponification n'a lieu normalement que si la quantité de potasse employée est en excès notable ; tout essai dans lequel la neutralisation sera obtenue par une addition d'acide chlorhydrique titré, inférieure à 2 centimètres cubes, devra être recommencée.

On donne couramment comme indice de saponification :

Pour le beurre de vache................ 222 à 233
              Moyenne : 227

Oléo-margarine .... 192 à 200
              Moyenne : 196

Graisse de coco...................... 250 à 268
              Moyenne : 259

Huiles végétales (olive exceptée).......... 187 à 196

INDICE DE CRISMER
OU TEMPÉRATURE CRITIQUE DE DISSOLUTION

Sur un petit tube de verre ayant environ 8 centimètres de long et
1 centimètre de diamètre, tracer à l'acide fluorhydrique, au diamant ou
au vernis, deux traits correspondant respectivement aux hauteurs
occupées par 1 et 3 centimètres cubes de liquide. Ce tube étant bien
sec et propre, y verser du beurre fondu et liquide jusqu'au trait correspondant à 1 centimètre cube, puis de l'alcool absolu du commerce,
de densité connue et voisine de 0,7967 jusqu'au second trait. Fermer
le tube par un bouchon laissant passer en son centre un thermomètre
gradué en 1/5 de degré et à réservoir aussi petit que possible ; s'assurer que le thermomètre ne touche en aucun point les parois et que son
réservoir est entièrement immergé dans le liquide.

Chauffer ce tube à la flamme d'une veilleuse de bec Bunsen, en
l'agitant doucement de haut en bas, et de bas en haut, jusqu'à ce que
son contenu soit devenu homogène et limpide. Ecarter alors le tube
de la source de chaleur et continuer à l'agiter jusqu'à ce que son
contenu se trouble. Noter la température correspondante. Réchauffer
à nouveau le tube pour observer une seconde fois le trouble et vérifier
le premier nombre obtenu qui indique la température de trouble T.

Au moyen d'une pipette étroite, prélever 2 cc. du même beurre
fondu et clair, y ajouter 20 cc. d'alcool absolu, quelques gouttes de
phtaléine de phénol, et titrer l'acidité avec la potasse caustique au
vingtième normale jusqu'à coloration rouge.

Si N est le nombre de centimètres cubes d'alcali employé, la température critique de dissolution du beurre sera T + N.

L'expérience a montré à M. Crismer que, pour les beurres purs, ce
nombre permet de calculer l'indice de R.M. Il suffit pour y parvenir
de retrancher du nombre 83,5 la somme T + N ; d'où Indice R.M. =
83,5 — (T + N).

Si l'alcool employé était à une densité voisine mais différente de
0,7967, on pourrait passer du nombre observé à celui qu'aurait fourni
l'alcool de densité 0,7967 en tenant compte que chaque accroissement
de 0,0001 de la densité de l'alcool augmente de 0°186 la température
de trouble, tandis que tout abaissement de 0,0001 de densité diminue
la température de trouble de 0°186.

Si, par exemple, un alcool de densité 0,794 fournit à l'observation
directe une température de trouble de 46°, l'alcool à 0,7967 qui présente un excès de densité de 0,027 aurait fourni une température de
trouble plus élevée de 27 × 0,186 = 5°. L'indice de trouble aurait
donc été de 46 + 5 = 51°.

Nota. — La détermination de la densité de l'alcool se fait commo-
dément en prenant la température critique en fonction d'un pétrole
préalablement étalonné au moyen d'alcool éthylique anhydre et pour
lequel une courbe de correspondance doit être établie.

On admet généralement que l'indice de Crismer varie pour les beurres purs de 53 à 57 = de 77 à 78 pour l'oléo-margarine. Pour la graisse de coco, il est voisin de 31°.

INDICE DE HEHNER (acides gras fixes)

Il représente la proportion d'acides gras fixes insolubles (non volatils) contenue dans 100 parties de corps gras.

On pèse exactement dans une capsule de porcelaine 3 à 4 grammes de beurre purifié, on ajoute 50 cc. d'alcool et 1 ou 2 grammes de potasse caustique solide, on chauffe au bain-marie en agitant sans cesse jusqu'à l'obtention d'une liqueur claire.

On s'aperçoit que la saponification est complète quand, en faisant tomber dans le mélange une goutte d'eau distillée, elle ne produit aucun trouble ; dans le cas contraire, on continue à chauffer jusqu'à ce que l'essai soit affirmatif : on fait alors évaporer la solution jusqu'à ce que le savon forme une pâte épaisse. On verse dessus 150 cc. d'eau chaude et après dissolution complète du savon, on acidifie avec de l'acide chlorhydrique ou sulfurique dilué et on chauffe à nouveau jusqu'à l'obtention d'une couche huileuse limpide et transparente. Il ne reste plus qu'à recueillir les acides sur un filtre taré, après lavage parfait et dessiccation. Pour empêcher les acides gras de passer au travers du filtre, il faut avoir soin de bien mouiller celui-ci et s'arranger ensuite de façon qu'il contienne toujours de l'eau pendant qu'on y verse la solution à filtrer.

Les acides gras sont lavés à l'eau chaude, jusqu'à ce que le liquide filtré soit sensiblement neutre. Il faut environ deux litres d'eau. On plonge l'entonnoir dans l'eau froide pour solidifier les acides gras. Le filtre détaché de l'entonnoir est placé dans un bécherglass à l'étuve de 100°-110° et pesé.

Le nombre obtenu est rapporté à 100 grammes de corps gras. C'est l'indice de Hehner. Pour le beurre pur, il varie de 86,5 à 90 (87,5 en moyenne).

Pour la graisse de coco, il est en moyenne de 84.

INDICE D'IODE (Indice de Hübl)

On appelle indice d'iode ou degré iodique la quantité d'iode fixée par 100 grammes de matière grasse. Pour effectuer une recherche de degré iodique, les solutions suivantes sont nécessaires :

1° Solution d'iode. — Iode, 25 ; alcool à 95, 500.

2° Solution de bichlorure de mercure. — Bichlorure de mercure, 30 ; alcool à 95°, 500.

3° Solution d'iodure de potassium. — Iodure de potassium, 10 ; eau distillée, 100.

4° Solution décinormale d'hyposulfite de soude.

Il faut enfin du chloroforme et de l'empois d'amidon.

MANUEL OPÉRATOIRE

On prend deux flacons à large ouverture bouchés à émeri et de capacité égale à environ 200 cc.; dans chacun on met 20 cc. de la solution n° 1 et 20 cc. de la solution n° 2. On pèse ensuite dans un petit verre de montre une quantité quelconque p. (0,20 à 0,30, par exemple) de la matière grasse à examiner, fondue, et on introduit le tout dans l'un des flacons : on ajoute en même temps 10 cc. de chloroforme dans l'autre flacon qui servira de témoin, on ajoute aussi 10 cc. de chloroforme, on bouche ensuite les deux flacons, on les agite et on les abandonne pendant deux heures. On dose ensuite l'iode dans les deux flacons et pour cela on ajoute dans le flacon témoin quantité suffisante de solution n° 3 (25 cc.) pour maintenir l'iode en dissolution, puis 15 à 20 cc. d'eau distillée et quelques gouttes d'empois d'amidon. On agite et on titre l'iode total à l'aide de la solution décinormale d'hyposulfite de soude dont on remplit la burette : lorsqu'on est arrivé au terme du dosage, on lit sur la burette le chiffre indiqué, soit V centimètres cubes.

On opère de la même façon avec l'autre flacon dans lequel on a placé un poids p de matière grasse à étudier ; dans ce deuxième dosage, on trouve un nombre de centimètres cubes plus faible, soit V' centimètres cubes.

$V - V'$ = iode combiné, c'est-à-dire iode absorbé par le poids p de beurre.

On a donc, en fin de compte, l'équation suivante :

$$V - V' \times 0,0127 = x$$

x est la quantité d'iode absorbée par un gramme de beurre. Comme le degré iodique doit être rapporté à 100 grammes, on multiplie par 100 le résultat obtenu et on a l'indice d'iode cherché.

Comme limite du dosage, on peut se servir d'empois d'amidon ; on s'arrête à décoloration ou sans ajouter d'empois d'amidon, on s'arrête au moment où la coloration rose du chloroforme vient à disparaître.

L'indice d'iode des beurres normaux varie de 26 à 35. Il est de 9 environ pour la graisse de coco.

INDICE RÉFRACTOMÉTRIQUE

L'indice réfractométrique des graisses est déterminé généralement en France avec l'oléoréfractomètre de Jean et Amagat. Bien des chimistes à l'étranger et même en France opèrent avec le butyroréfractomètre de Zeiss. Cet appareil a ceci de particulier qu'il peut fournir à la fois l'indice de réfraction du beurre par rapport à la raie D du sodium et renseigner approximativement sur ses falsifications. Pour leurs descriptions complètes, nous renvoyons le lecteur aux traités s'occupant spécialement de l'analyse des graisses et des huiles. Nous

nous bornerons à exposer brièvement l'emploi de l'oléoréfractomètre de F. Jean et Amagat.

Cet appareil se compose d'une cuve métallique munie de deux tubulures opposées sur lesquelles sont fixés en prolongement, d'un côté un collimateur, de l'autre une lunette. Cette cuve est fermée par deux glaces parallèles, et à son centre est un cylindre métallique creux dans les parois duquel sont fixées deux glaces faisant entre elles un angle connu. On verse dans la cuve une *huile-type,* à réfraction nulle, et dans le prisme creux on verse de l'huile à étudier ; sur ce système on envoie un faisceau lumineux fourni par le collimateur ; si le liquide examiné a un indice de réfraction différent de l'huile type, il y a déviation de la lumière d'un côté ou de l'autre. La lunette qui reçoit ce faisceau est munie d'un micromètre sur lequel on lit le déplacement du faisceau réfracté.

L'oléoréfractomètre est construit de telle sorte qu'il peut, dans un bain-marie d'eau, faisant partie de l'appareil, être facilement porté à une température de 45°. C'est à cette température que se font les lectures. Pour faire l'essai du beurre à l'oléoréfractomètre, on commence par le purifier en le faisant fondre dans une capsule en porcelaine ; on l'agite avec une pincée de plâtre et on laisse reposer le tout à l'étuve ou au bain-marie jusqu'à ce que l'eau et le caséum se soient séparés ; on décante la matière grasse liquide, la graisse ainsi obtenue est examinée après réglage de l'appareil.

Le beurre pur dévie de — 30 en moyenne (minimum — 21, maximum — 34).

La margarine de coton...................... $+ 25°$
Le saindoux............................... — $12°5$
L'oléomargarine .... — $15°$ à — $19°$
La graisse de coco........................ — $54°$

(Si on emploie le réfractomètre d'Amagat au lieu de l'oléo-réfractomètre de F. Jean et Amagat, on s'en servira de la même manière, mais on ajoutera un tiers au résultat obtenu, pour convertir les degrés du réfractomètre en degrés de l'oléoréfractomètre : inversement, en retranchant un quart des indications de l'oléoréfractomètre, on obtiendra les indications correspondant au réfractomètre.)

VI

Application des méthodes officielles
à l'analyse des beurres — Objections — Discussions

Les méthodes que nous venons de décrire ont subi maintenant une épreuve de plusieurs années. Dans ce laps de temps, grâce aux enquêtes suscitées par les pouvoirs judiciaires dans les différents pays de l'Europe, les beurres ont été l'objet d'études approfondies. Il est intéressant de consulter les statistiques qui en résultent et les débats auxquels ont donné lieu divers procès retentissants où experts et contre-experts ont apporté les témoignages les plus nombreux et les plus variés, soit en France, soit en Belgique, soit en Hollande.

Si nous résumons les objections qui ont été présentées contre l'exactitude des méthodes décrites plus haut, nous voyons qu'elles se ramènent aux quatre propositions suivantes :

1º L'élasticité des nombres qui caractérisent les constantes du beurre pur est telle qu'on peut prendre du beurre loyal et marchand pour du beurre fraudé avec 1/10 et plus de graisse de coco.

Il existe sur les marchés des quantités suffisantes de beurres anormaux, mais non fraudés pour que l'expertise, si elle se cantonne dans des constantes-types trop rigoureuses, puisse entraîner la condamnation de négociants parfaitement innocents.

2º Il est relativement facile aux fraudeurs de composer des mélanges compensateurs rétablissant les normales des constantes que la graisse de coco rend méconnaissables quand elle est mélangée seule avec le beurre de vache.

3º Les méthodes physiques et chimiques couramment employées dans les laboratoires, tant en France qu'à l'Etranger, en se plaçant dans les conditions les plus favorables à leur efficacité, ne peuvent déceler la graisse de coco que lorsqu'elle a été introduite à des doses relativement massives. Généralement, au-dessous de 10 %, l'expertise reste incertaine. Or, au-dessous de 10 %, les fraudeurs réalisent encore des gains appréciables en substituant le coco au beurre.

4º Les contradictions relevées dans les appréciations des chimistes les plus qualifiés relativement aux méthodes d'analyses les plus usitées, sont un témoignage de l'insuffisance de ces méthodes.

Nous allons examiner successivement ces quatre propositions :

A. ELASTICITÉ DES CONSTANTES DU BEURRE DE VACHE.
BEURRES ANORMAUX

B. LES BEURRES ANORMAUX DEVANT L'EXPERTISE
ET DEVANT L'HYGIÈNE

C. RÉGULARITÉ DES CONSTANTES DU COCO

A. ÉLASTICITÉ DES CONSTANTES DU BEURRE DE VACHE.
BEURRES ANORMAUX

Le lait présentant dans sa composition des différences très nettes suivant les races laitières, les saisons, la nourriture donnée au bétail, etc., il est tout naturel que le beurre présente lui-même des inégalités de composition tenant aux mêmes causes.

Les inégalités provenant de la différence de races sont peu sensibles si on considère des sujets recevant une alimentation suffisante et convenable, n'ayant pas à souffrir d'intempéries ou des rigueurs des climats extrêmes, abrités convenablement et n'accomplissant pas de travaux excédant leurs forces.

Plus frappantes sont les différences qui ont pour causes les inégalités de traitement en ce qui concerne le genre de vie, l'habitation et la nourriture.

Il est essentiel de faire ici les distinctions suivantes :

1⁰ Les vaches mal nourries, ou plutôt privées de nourriture, ou surmenées, ou exposées aux intempéries, donnent un beurre dont les caractères se rapprochent de ceux de l'oléo-margarine.

2⁰ Les vaches dont la nourriture est surchargée de tourteaux de coco ou de feuilles de betteraves donnent un beurre dont les constantes se rapprochent de celles du coco.

Strictement, dans cette étude, qui vise seulement les beurres fraudés avec le coco nous ne devrions nous occuper que des vaches de la deuxième catégorie. Mais nous ne croyons pas qu'on puisse bien comprendre la question des beurres anormaux, si on ne l'a pas traitée entièrement. Nous allons donc entrer dans quelques détails, aussi bien en ce qui concerne le beurre de vaches victimes de la diète et des mauvais traitements qu'en ce qui se rapporte au beurre de vaches nourries au coco ou à la feuille de betteraves.

Il y a longtemps déjà qu'on s'est aperçu que, dans certaines provinces de la Hollande, le beurre fabriqué en automne était différent du beurre obtenu pendant les autres mois de l'année. En 1900, MM. Coudon et Rousseau furent chargés par le gouvernement d'étudier sur place les modifications de cette denrée. Ils constatèrent que, en effet, dans certaines régions où les vaches rentrent tardivement à l'étable et ne broutent que de maigres pâturages, les indices du beurre généralement admis devenaient méconnaissables : les A.V. pouvaient descendre à 4, l'indice de saponification descendre à 217, l'indice de Crismer monter à 59.

Nous extrayons de leur rapport les documents suivants :

« L'ensemble des résultats de notre mission nous montre que les « assertions des chimistes hollandais, en ce qui concerne la compo-« sition des beurres de leur pays sont exactes.

« Mais ces assertions ont été fort mal interprétées en France, où « elles furent à dessein exagérées et généralisées dans le but de rendre « presque impossible la répression de la fraude. C'est ainsi que cer-« tains marchands peu scrupuleux ont pu profiter du trouble jeté dans « la conscience des magistrats pour vendre, sous la dénomination de « beurres hollandais, des produits fortement margarinés.

« Depuis près de deux ans, on a cherché par tous les moyens pos-« sibles à persuader les tribunaux, les experts et le public que les « anomalies de composition signalées par les travaux des chimistes « hollandais sont, d'une façon générale, applicables à tous les beurres « d'origine hollandaise, et cela pendant toute l'année.

« Il importe de réagir contre cette tendance et de remettre les « choses au point.

« Nous ferons remarquer d'abord que les chimistes hollandais eux-« mêmes n'ont jamais prétendu que cet abaissement de la composition « des beurres de leur pays fût général.

« Dans leurs rapports officiels, ils spécifient nettement que c'est seule-« ment pendant une partie du mois de septembre, le mois d'octobre « et une partie du mois de novembre, qu'on trouve dans leur pays des « beurres anormaux ; dès que les vaches sont rentrées à l'étable, la « composition des beurres remonte rapidement jusqu'au taux normal, « où elle se maintient jusqu'au mois de septembre suivant. D'ailleurs, « ils reconnaissent également que, pendant l'époque envisagée plus « haut, beaucoup de leurs beurres ont une composition normale.

« On ne saurait trop insister sur ces faits que :

« 1° La composition des beurres hollandais ne diffère de celle des « beurres français que pendant une période d'environ deux à trois « mois.

« 2° Même pendant cette période, beaucoup de beurres des Pays-« Bas ont une composition normale.

CAUSES QUI FONT BAISSER LA TENEUR EN ACIDES VOLATILS DES BEURRES D'AUTOMNE

« Les nombreuses observations que nous avons faites au cours de
« notre mission nous ont permis d'établir les causes de cet abaissement
« de la teneur des beurres en acides volatils et de montrer qu'il est dû
« aux conditions d'existence des animaux pendant cette période.

« A ce moment, les vaches restent encore, jour et nuit, aux pâtu-
« rages, souffrant du froid et de l'humidité en même temps qu'elles
« ne trouvent dans les prairies qu'une nourriture à peine suffisante
« pour leur permettre de supporter les intempéries et de fournir un
« lait dont la matière grasse soit riche en acides volatils.

« Nous avons eu l'occasion de trouver, au cours de nos pérégrina-
« tions, un certain nombre d'exploitations dans lesquelles une partie
« du troupeau était encore au pâturage, alors que l'autre partie, en
« raison de la rareté de l'herbe, avait dû, depuis plusieurs jours, être
« rentrée à l'étable où elle recevait l'alimentation d'hiver.

« Nous avons pu ainsi étudier l'influence de l'alimentation en fabri-
« quant du beurre comparativement avec du lait des vaches au pâtu-
« rage et avec celui des vaches à l'étable.

« Les vaches à l'étable recevaient dans les quatre exploitations où
« nous avons pu faire ces essais comparatifs une nourriture abondante
« composée de foin, de tourteaux de lin, et de graines concassées,
« telles que maïs, féverolles, etc., Elles étaient soumises à ce régime
« depuis environ 15 jours, au moment où nous les avons fait traire.

« Voici les résultats que nous a donnés l'analyse de ces beurres :

		Acides volatils	Indice de saponification	Température critique
M. CLANT, à Alfen a.d. Rijn (Hollande méridionale)	Vaches au pâturage.	4.	217	59.5
	Vaches à l'étable . .	5.	223	50.25
M. R. KEESTRA, à Jelsum (Frise)	Vaches au pâturage.	4.74	219	54.6
	Vaches à l'étable . .	5.12	224	50.25
M. WIERSMA, à Boordahzimm (Frise)	Vaches au pâturage.	4.46	218	52.5
	Vaches à l'étable . .	5.22	228	50.1
M. KUPERUS, à Marsum (Frise)	Vaches au pâturage.	4.95	223	53.
	Vaches à l'étable . .	5.34	227	49.1

« Bien que les lots de vaches à l'étable n'aient quitté les pâturages
« que depuis deux semaines, la proportion des acides volatils des
« beurres s'est déjà beaucoup relevée, et il y a tout lieu de penser
« qu'elle n'aurait pas tardé à atteindre un taux normal, comme les
« chimistes hollandais l'ont déjà observé.

« Dans chacun des quatre exemples ci-dessus, nous voyons deux
« lots de vaches appartenant au même troupeau, de même race, de
« même âge, mais qui ne sont pas soumis aux mêmes conditions
« d'hygiène et d'alimentation, et qui fournissent au même moment des

« beurres dont la composition est très différente. Le premier lot en-
« core au pâturage souffre du froid, de l'humidité et d'une insuffisance
« de nourriture : il donne des beurres très pauvres en acides volatils.
« Le second lot en tous points comparable au premier, mais qui,
« depuis trois semaines seulement vit à l'étable, à l'abri des intem-
« péries et y reçoit une nourriture plus abondante, donne des beurres
« beaucoup plus riches en acides volatils et se rapprochant sensible-
« ment des beurres normaux.

« On est donc en droit d'attribuer aux mauvaises conditions d'hy-
« giène et d'alimentation l'abaissement du taux d'acides volatils cons-
« tatés dans certains beurres hollandais, et on peut affirmer que si
« toutes les vaches étaient rentrées à l'étable et nourries convenable-
« ment dès que le climat devient trop rigoureux et les pâturages trop
« maigres, on ne constaterait pas les anomalies de composition qui ont
« fait l'objet de cette étude.

« En effet, dans la province de Brabant, où il est d'usage de rentrer
« les vaches de très bonne heure, avant les premiers froids, et où elles
« reçoivent une copieuse nourriture, nous n'avons trouvé aucun beurre
« que le chimiste-expert aurait pu déclarer fraudé : un seul aurait paru
« douteux. »

CONCLUSIONS DE MM. COUDON ET ROUSSEAU

1° Certains beurres néerlandais présentent, aux mois d'octobre et
novembre, une composition qui les éloigne sensiblement des beurres
français et les rapproche des beurres margarinés.

2° Le fait ne se produit qu'à une époque de l'année bien déterminée,
soit environ deux mois et demi (15 septembre à fin novembre).

3° On aurait tort, comme certains intéressés ont une tendance à le
faire, de généraliser ce fait et de l'étendre à toute la production beurrière des Pays-Bas ; on trouve, en effet, dans ce pays, même à cette
époque de l'année, un grand nombre de beurres qui présentent une
composition normale.

4° L'abaissement de la richesse en acides volatils de certains beurres
est dû aux conditions défectueuses d'existence où se trouvent les
vaches au pâturage à une époque où elles souffrent du froid et de
l'humidité, en même temps qu'elles ont une alimentation insuffisante.

Il ressort de l'ensemble de nos observations que les beurres hollandais pourraient présenter toute l'année une composition normale si les
troupeaux étaient, dès les premiers froids, rentrés à l'étable, où ils
seraient à l'abri des intempéries et nourris d'une façon plus convenable.

5° Les conditions défectueuses dans lesquelles vivent les vaches à
l'époque où elles fournissent des beurres pauvres en acides volatils,
nous donnent le droit de considérer ces produits comme *anormaux*.

En effet, si le chimiste-expert, en présence d'un beurre pauvre en acides volatils d'origine hollandaise et fabriqué pendant les mois en litige, ne peut en conscience affirmer que ce produit a été fraudé par une addition de margarine, il a, en revanche, le devoir de déclarer que c'est là un *beurre anormal*. Il a même le droit, en le comparant aux beurres de notre pays, de dire que pour la France, *ce beurre n'est pas un produit marchand*.

M. Wauters, qui a étudié longtemps la variation des constantes du beurre en Belgique et en Hollande, n'arrive pas tout à fait aux mêmes conclusions que MM. Coudon et Rousseau. C'est surtout dans le rapport qu'il a présenté en 1902 au deuxième Congrès national belge de laiterie que nous trouvons l'expression de son opinion à cette époque sur cette question :

« Le beurre de vache a une composition qui varie dans des propor-
« tions considérables. Maintenant que les analyses se sont multipliées,
« que les enquêtes à ce sujet ont été faites partout, en Belgique, en
« Hollande, en Allemagne, etc..., personne ne saurait le nier. Lorsque
« Hehner proposa le premier procédé d'analyse qui porte son nom, il
« fixa la proportion d'acides gras fixes contenus dans le beurre à
« 87,5-88 % ; mais d'autres expérimentateurs opérant sur des beurres
« d'autre origine prélevés à une autre époque de l'année, trouvèrent
« des beurres purs donnant 89, 90, 90,5 % d'acides gras fixes.
« On crut d'abord que de tels beurres étaient exceptionnels, qu'ils
« étaient des produits mal préparés ou provenant de vaches malades,
« mal nourries, dans de très petites fermes possédant quelques têtes
« de bétail seulement. Cette manière de voir a dû s'effacer devant les
« statistiques publiées depuis. Ces beurres sont, si l'on veut, excep-
« tionnels pendant une partie de l'année ; mais il n'en est pas de
« même à la fin de l'été et en automne : c'est ainsi qu'au mois de
« septembre, ils ne sont plus exceptionnels et proviennent indifférem-
« ment de petites fermes ou de fermes importantes.
« En 1897-1900, le Service d'Inspection des Denrées alimentaires fit
« une enquête sur la constitution des beurres dans la région de Liége-
« Verviers.
« Si on examine dans son ensemble pour toute l'année le résultat de
« l'enquête au point de vue de l'indice R.M., on observe :
« Que pour les beurres prélevés dans 33 fermes disséminées dans
« tout le pays, on obtient 36 échantillons sur 755, soit 5 % dont l'indice
« de Reichert-Meissl, est inférieur à 25.
« Que, pour les beurres du pays de Herve provenant de 28 fermes,
« 35 échantillons sur 262, soit 13,5 %, sont inférieurs au même
« chiffre d'indice R.M. Mais si, au lieu d'examiner l'ensemble de l'an-
« née, on ne fait état que de la période août-octobre, on reconnaît
« que sur les 33 fermes dont le beurre a servi aux essais, 10 com-.

« portent plus de 10 vaches et que 5 de ces dernières ont donné des
« beurres dont l'indice R.M. est inférieur à 25.

« Je citerai une ferme de la région condrusienne qui a donné, pen-
« dant toute la fin de l'année, des beurres anormaux. Sur 198 échan-
« tillons analysés pendant cette période, 22, soit 11 %, étaient anor-
« maux.

« Pour l'enquête faite au pays de Herve, les résultats sont les sui-
« vants : le beurre de 28 fermes a été analysé : 19 fermes ont donné,
« pendant la période novembre-décembre, des beurres dont l'indice
« R.M. était inférieur à 25. Sur 26 échantillons prélevés dans ces
« fermes en décembre, 16, soit 60 %, ont fourni des chiffres inférieurs
« à 25 et de ces 16 fermes, 2 seulement comptent moins de 10 vaches.

« En résumé, tous les éléments de cette enquête démontrent que,
« dans une certaine période de l'année, un grand nombre de beurres
« purs ont un indice R.M. inférieur à 25, et l'on pourrait même dire
« que, dans une certaine partie de la Belgique, au pays de Herve,
« au mois de décembre, les beurres à indice inférieur à 25 étant en
« majorité, ce sont eux qui sont les beurres normaux.

« Il est bien entendu que, dans tout ce que je viens de dire, les autres
« indices physiques et chimiques suivent l'indice de R.M.

« Cette démonstration que je viens de faire pour les beurres belges
« peut être renouvelée pour les beurres étrangers. Une enquête a été
« faite en Angleterre, il y a quelques années, sur les beurres danois
« qui avaient été saisis comme falsifiés à leur entrée dans le pays.
« L'enquête a révélé que les anomalies constatées étaient naturelles.

« Des enquêtes semblables ont été faites récemment en Hollande
« par des chimistes allemands, français, hollandais ; ils sont arrivés
« aux mêmes conclusions.

« En 1900, une enquête a été organisée par le gouvernement néerlan-
« dais, M. J. Van Ryn, Directeur de la Station agricole expé-
« rimentale de Maestricht, fit instituer des expériences dans 25 fermes
« et établissements du Nord de la Hollande. (Frise et Groningue).
« Le nombre de vaches variait de 3 à 144. Les prélèvements ont été
« faits toutes les semaines pendant les quatre derniers mois de l'année.
« Il résulte des tableaux où ont été consignés les résultats obtenus
« que le nombre d'échantillons de beurre dont l'indice R.M. est infé-
« rieur à 25 s'est élevé à 52,1 % au mois de septembre et à 79,1 % au
« mois d'octobre.

« Dans un seul des 25 établissements, le beurre est resté toujours
« au-dessous de 25 et dans une ferme comprenant 144 vaches, l'indice
« est descendu, le 22 octobre, à 21,6. Voilà donc toute une contrée
« où les beurres dénommés anormaux peuvent être considérés comme
« étant des beurres normaux pendant deux mois de l'année. Ces faits
« sont particuliers à certaines contrées, car le même auteur a prélevé
« pendant le mois d'octobre et le commencement de novembre, 166

« échantillons de beurres purs, dans d'autres provinces de la Hollande;
« l'indice R.M. a varié de 33 à 28, sans jamais descendre au-dessous
« de ce dernier chiffre. On pourrait, en étudiant l'enquête faite en
« Belgique, arriver aux mêmes constatations et observer que certaines
« parties du pays fournissent en tout temps des beurres à indices
« normaux, tandis que d'autres parties produisent, pendant plusieurs
« mois, des beurres anormaux. »

Et M. Wauters termine en disant qu'il pense avoir surabondamment
démontré que les beurres dits anormaux ne sont pas exceptionnels
du tout pendant une partie de l'année.

Quant à la question si importante des causes productrices des
beurres anormaux, M. Wauters ne fait que l'effleurer sans s'y attarder,
l'indiquer sans l'approfondir, se trouvant insuffisamment documenté.

« Une enquête scientifiquement conduite, dit-il, devrait être faite
sur les causes des différences observées dans la composition des
beurres. Il faudrait étudier complètement et méthodiquement l'influence de la race, de la région, des saisons, de l'époque du vêlage,
de la nourriture, etc., sur cette composition. D'autres points pourraient être aussi élucidés dans cette enquête, notamment la question
si importante de l'influence de l'alimentation par les tourteaux de
sésame et de coton, sur les réactions du beurre, etc.

MM. Coudon et Rousseau sont allés plus loin que M. Wauters dans
leur enquête : ils se sont attachés à déterminer les causes de production des beurres anormaux et ils ont, en somme, démontré que ceux-ci
étaient bien plus le fait de la négligence humaine que des circonstances dépendant des races, des saisons, etc.

Ce que nous retiendrons, c'est qu'on ne peut impunément obliger la
vache à une fabrication de beurre anormal.

Un chimiste belge disait l'an dernier (*Falsification et Tribunaux,*
p. 111) : « Les Allemands ont raison quand ils disent que la nature ne
connaît pas de chiffres limites. »

Nous disons, à notre tour, que : *quand on oblige la nature à sortir
des chiffres limites, il y a réaction. L'état de maladie qui en résulte
est la protestation contre la violence exercée.*

L'avenir ne semble pas avoir ratifié l'importance que M. Wauters
accorde aux beurres anormaux.

En 1911, M. le Dr Hoton écrivait :

« J'estime que les beurres marchands ont une remarquable fixité de
« composition. » (*Falsifications et Tribunaux,* p. 121.)

Cette fixité n'est guère compatible avec l'envahissement du marché,
à époque fixe, par des beurres anormaux abondants et il nous paraît
probable que de tous temps les beurres anormaux ont été noyés dans
le beurre normal.

4

Or, le beurre marchand est réellement le seul qui doive intéresser l'expertise. Nous exposerons plus loin comment il y a lieu d'envisager le beurre à constantes insolites, « le beurre des petites fermes », selon l'expression du Dr Hoton.

Nous trouvons également des renseignements intéressants sur les variations des constantes du beurre dans les *Notes pratiques sur l'Analyse des Beurres,* publiées par M. Vuaflart, Directeur de la station agronomique du Pas-de-Calais (Librairie Segaud, 1904).

M. Vuaflart a observé les variations que subissent au cours d'une année les constantes du beurre pur dans la région du Pas-de-Calais.

C'est ainsi que sur 172 échantillons analysés, 120, soit 70 %, ont présenté une teneur normale en acides volatils. Pour ces acides, M. Vuaflart a adopté comme limite inférieure (acides volatils 5,5 % en acide butyrique) et 52 échantillons ne donnaient que des nombres inférieurs à 5,5 et descendant jusqu'à 4,9. C'est surtout au mois de septembre qu'il a fait la constatation de cet abaissement des acides volatils.

L'*indice de saponification* des mêmes beurres a passé par les limites 217-239. Les chiffres les plus faibles ont toujours coïncidé avec une teneur minima en acides volatils, et les chiffres les plus forts ont toujours figuré à côté d'une teneur élevée en acides volatils, teneur atteignant jusqu'à 7,8 %. On sait quelle est l'importance du rapport de ces deux déterminations. Si l'indice de Koëttshorfer est plus fort que ne le comportent les acides volatils, il y a des chances pour qu'on soit en présence d'un mélange de coco et de beurre. Au contraire, que le beurre soit margariné ou non, si le chiffre de saponification est en rapport avec les acides volatils, il est inutile de rechercher le coco.

L'indice de R.M.W. est utile à déterminer dans le cas de beurres dont la richesse en acides volatils est faible et qui pourraient, par suite, être considérés comme falsifiés. Le minimum de 26 généralement admis a paru trop élevé à M. Vuaflart. Il estime que la falsification n'est pas démontrée quand l'indice R.M.W. n'est pas inférieur à 21.

Pour des beurres dont la richesse en A.V. oscillait entre 4,9 et 5,8, il a trouvé des indices R.M.W. allant de 21 à 27,9. Si donc les acides volatils pouvaient faire suspecter la pureté des échantillons analysés, l'indice R.M.W. lèverait tous les doutes.

Acides volatils solubles et insolubles

L'auteur a employé la méthode Müntz et Coudon. Sur 35 échantillons, les acides volatils insolubles exprimés en acide butyrique lui ont donné des nombres variant de 0,26 à 1, avec une moyenne de 0,65. Les acides volatils solubles ont donné 4,69 comme minimum avec 6,11 comme maximum, soit 5,40 comme moyenne.

Le rapport $(\frac{A\,V\,I}{A\,V\,S} \times 100)$ a varié de 5,3 à 18,8 avec une moyenne de 12,1. On remarque que sur 35 analyses, 6 fois seulement le nombre 15 pour le rapport $(\frac{A\,V\,I}{A\,V\,S} \times 100)$ a été dépassé et six fois seulement il est descendu au-dessous de 8. Ces limites ne s'écartent pas de celles qui ont été admises par MM. Muntz et Coudon.

Rappelons que les mêmes opérations faites sur une graisse de coco épuré ont donné à M. Vuaflart : A.V.I. : 3,08 = A.V.S. : 1,33. Rapport : 2,31 ; en sorte que si un mélange de beurre avec coco 5 % n'élève le rapport qu'à 15,5, le mélange beurre avec coco 10 % donne un rapport = 19,7 qui met en évidence la fraude.

Indice d'iode

L'indice d'iode des beurres purs varie dans des limites assez étendues :

de 25 à 35, d'après M. Halphen.
de 26 à 31,5 d'après M. Hübl.
de 32 à 38, d'après MM. Villiers et Colin.

M. Vuaflart a trouvé, le plus souvent, de 28 à 35 (22 fois sur 35 analyses), une fois s'est présenté un indice égal à 44,8, une fois il est descendu à 26 : 7 fois il a été supérieur à 38. En réalité, il s'agissait de beurre provenant de vaches nourries avec une proportion élevée de tourteaux ; mais M. Vuaflart ne donne pas la quantité exacte de tourteau employée journellement.

Déviation à l'oléoréfractomètre (Jean et Amagat)

Les nombres résultant de 46 analyses donnés par M. Vuaflart ne s'écartent pas des limites entre lesquelles on a reconnu depuis longtemps que pouvaient osciller les beurres purs (— 21 à — 36). Le minimum indiqué est très rare : 2 fois sur 45 analyses ; les nombres les plus fréquents sont compris entre 24 et 30. Les vaches d'où provenait le beurre recevant couramment des tourteaux de coco, il s'ensuit que l'influence de ce dernier constatée au réfractomètre serait, en réalité, peu sensible.

Parmi les beurres examinés par M. Vuaflart, il s'en est trouvé provenant de vaches de races flamandes recevant des pulpes, des tourteaux, du son, des betteraves et de la paille. Les limites entre lesquelles étaient comprises les différentes constantes du beurre, n'étaient guère différentes des limites généralement admises et telles que nous les trouvons exposées dans l'ouvrage de M. Leroux (*Falsifications et Tribunaux*, Liège, 1911, p. 43).

Limites des beurres purs (Collège des experts de Liège 1911)

Acides volatils solubles (évalués en acide. butyrique).   4,80 à 6,10
Acides volatils insolubles (évalués en acide butyrique).   0,50 à 0,87
Oléoréfractomètre (Jean et Amagat) (Müntz et Coudon).   — 22 à — 34
Indice d'iode..................................   25 à 50
Indice de saponification.................\.........   220 à 235

Limites des beurres purs analysés par M. Vuaflart

Acides volatils solubles (évalués en acide butyrique).   5,08 à 6,07
Acides volatils insolubles (évalués en acide butyrique). 0,31 à 0,95
Oléoréfractomètre (Jean et Amagat) (Müntz et Coudon).   — 27 à — 32
Indice d'iode..................................   27 à 35,3
Indice de saponification.........................   221 à 234

Malgré l'insuffisance des renseignements donnés par M. Vuaflart sur la nourriture des vaches dont il a examiné les beurres, on peut considérer les limites indiquées par lui comme s'appliquant à des beurres normaux, mais depuis les expériences de M. Vuaflart certains auteurs les ont singulièrement étendues.

Amberger (*Zeitsch.* ; 1907, p. 114, t. 13) a trouvé, pour des vaches nourries aux betteraves paille et foin, les indices suivants :

Indice R.M.............................   29,06
Indice d'iode............................   21,08
Indice de Köttstorfer......................   238,9
Indice Polenske..........................   3,6

L'abaissement exagéré de l'indice d'iode et l'élévation de l'indice de saponification font d'un tel beurre un produit réellement anormal qu'on pourrait prendre à ne considérer que ces deux indices pour du beurre additionné de 20 % de graisse de coco.

En 1902, M. Mougnaud analysa une série de beurres d'origines les plus diverses (Beurres de Guéret, d'Issoudun, d'Angers, de Normandie, de Brie, d'Angleterre, du Limousin, etc.). Nous relevons dans les tableaux qu'il a publiés (Thèse de Doctorat en pharmacie : « Sur le dosage des acides volatils dans l'analyse des corps gras », 1902, Paris, Naud, éditeur, 3, rue Racine) que l'indice de saponification s'est maintenu entre les limites 220-230 et la déviation à l'oléoréfractomètre entre — 30 et — 31.

L'indice R.M. a varié au printemps de 22,8 à 29,6, en automne de 21,6 à 25,6, en hiver de 23,7 à 27. tandis que pour les A.V.I. il a trouvé 1,8 en automne, 2 au printemps et 3 en hiver.

Nous croyons utile de placer ici une remarque au sujet des opérations des différents auteurs concernant les A.V.S. et les A.V.I.

Il est très difficile, pour le lecteur peu au courant des analyses de ce genre, de coordonner les résultats trouvés par différents auteurs ; même pour des chimistes, il est déconcertant de passer des résultats donnés par un auteur aux résultats donnés par un autre, tellement leurs travaux manquent d'unité.

Ainsi, l'indice Reichert est le nombre de centimètres cubes d'alcali décinormal nécessaire pour neutraliser les acides solubles provenant de 2 gr. 50 de beurre, l'indice Reichert Meissl est rapporté à 5 grammes de corps gras ; mais il faut remarquer que l'indice R.M. n'est pas nécessairement le double de l'indice R. ; l'indice Reichert Meissl Wolny est aussi rapporté à 5 grammes.

Mougnaud opère également sur 5 grammes. Vuaflart opère sur 10 grammes de beurre ; les acides solubles comme les acides insolubles sont exprimés en acide butyrique pour 100 de beurre.

Tantôt les chimistes expriment leurs résultats en acide butyrique, en rapportant à 100 grammes de matière grasse, comme Müntz et Coudon, tantôt ces mêmes résultats sont traduits en centimètres cubes de liqueur alcaline décinormale (soude ou eau de chaux ou eau de baryte). M. Ferdinand Jean opérait sur 5 grammes. L'indice R.M. est déterminé sur le même poids de corps gras. La première partie du procédé Muntz et Coudon est une détermination d'indice R. M., mais les auteurs opèrent sur 10 gr. Polenske opère sur 5 gr. Il est difficile de comparer les résultats de ces procédés. Si on ajoute à cela qu'ils ne constituent pas des dosages complets, rigoureux, mais qu'ils ne représentent que des évaluations fractionnelles, on voit combien la question des A.V.S. et des A.V.I. reste dans le domaine de l'imprécision. Il nous paraît désirable de ne voir figurer dans les tableaux indiquant des constantes de corps gras, sous la rubrique A.V.S. A.V.I. que des nombres représentant un pourcentage exprimé en acide butyrique et de substituer à toutes les méthodes imaginées pour tirer parti de ces acides, une méthode unique adoptée dans tous les pays.

B. LES BEURRES ANORMAUX DEVANT L'EXPERTISE ET DEVANT L'HYGIÈNE

La présence des beurres anormaux se rattache à un certain nombre de considérations sur l'état de santé des vaches laitières, sur l'époque du vélage, sur les voyages auxquels on a pu les soumettre, sur les fatigue qu'on leur a imposées, sur le genre et l'inégalité, l'abondance ou la disette de nourriture, sur la stabulation et le pacage suivant les différentes saisons. Toutes ces considérations se condensent en deux causes : *la nourriture et l'habitat.*

On peut d'abord poser en fait que le beurre provenant de vaches en parfaite santé, non surmenées, nourries convenablement, c'est-à-dire recevant une alimentation variée, normalement équilibrée, sans excès d'éléments étrangers à l'alimentation naturelle du bétail, ne rentre jamais dans la catégorie du beurre anormal, quelle que soit la saison considérée, si la vache est en même temps bien soignée et préservée des atteintes de l'extrême chaleur ou de l'extrême froid.

Il existe deux sortes de beurres anormaux :

Le beurre anormal, dont les constantes se rapprochent des constantes de l'oléo-margarine ;

Le beurre anormal dont les constantes se rapprochent de celles de la graisse de coco.

Chez les premiers, les constantes se trouvent ainsi modifiées :

L'indice de saponification (*Köttstorfer*) s'écarte de 225 (nombre moyen admis pour le beurre pur), pour se rapprocher de 196 (moyenne admise pour l'oléo-margarine).

L'indice des acides gras fixes (*Hehner*) s'écarte de 87,5 pour se rapprocher de 95.

La température critique de dissolution (*Crismer*) s'écarte de 55° pour se rapprocher de 76°.

L'indice d'Iode (*Hübl*) s'écarte de 34° pour se rapprocher de 52°.

L'indice de Reichert Meissl s'écarte de 29 pour se rapprocher de 1,7.

L'indice de réfraction (*Jean et Amagat*) s'écarte de 30 pour se rapprocher de 17.

Chez les seconds, les modifications ont lieu comme suit :

L'indice de saponification s'écarte de 225 pour se rapprocher de 260.

L'indice des acides gras s'écarte de 87,5 pour se rapprocher de 84.

La température critique de dissolution s'écarte de 55 pour se rapprocher de 31,

L'indice d'iode s'écarte de 34 pour se rapprocher de 9.

L'indice de Reichert Meissl s'écarte de 29 pour se rapprocher de 7,

L'indice de réfraction s'écarte de 30 pour se rapprocher de 54.

Ainsi les circonstances qui orientent les beurres vers l'oléo-margarine, provoquent la régression de l'indice de saponification et de la déviation à l'oléoréfractomètre et l'aggravation des indices de Hehner, de Crismer, de Hübl.

Celles qui président au phénomène opposé que nous appellerons : *la laurification* du beurre ont pour conséquence l'exagération des indices qui étaient amoindris dans les cas précédents et la diminution de ceux qui avaient pris un accroissement anormal.

Un seul indice échappe à cette action contradictoire, c'est l'indice de Reichert-Meissl qui, dans les deux cas, subit une notable régression.

Les vaches qui restent tardivement exposées sans abri, pendant la saison froide, à l'humidité, aux intempéries, donnent un beurre présentant les caractères du beurre margariné.

Les vaches soumises à des travaux excessifs donnent également un beurre qu'on peut confondre avec le beurre additionné d'oléo-margarine.

Le régime alimentaire peut provoquer des anomalies de deux sortes :

1° Les vaches soumises à la disette donnent facilement un beurre présentant les caractères du beurre falsifié avec l'oléo-margarine.

2° Les vaches auxquelles on donne avec abus des feuilles de betteraves et du tourteau de coco donnent un beurre ayant les caractères du beurre additionné de graisse de coco.

1° BEURRE ANORMAL PAR SUITE DE DISETTE OU DE MAUVAISE NOURRITURE OU DES MAUVAISES CONDITIONS DE L'HABITATION OU DE TRAVAUX EXCESSIFS

Dans le chapitre où nous avons examiné l'élasticité des constantes du beurre, nous avons rappelé les statistiques établies par Coudon et Rousseau, Wauters, etc., montrant la part qu'il faut réserver à ces beurres anormaux en Belgique et en Hollande principalement. Les observations faites postérieurement aux travaux des chimistes précités ont confirmé la réalité de la présence des beurres anormaux. Les divergences portent seulement sur l'évaluation de leur importance.

Voici, sur ce sujet, ce que nous lisons dans un récent travail de M. Vuaflart (*Annales des Falsifications*, mars 1912), « Les Beurres Anormaux du Nord de la France » :

Il est clair que les beurres anormaux doivent se rencontrer plus souvent parmi les produits de ferme que parmi les produits de laiterie. Celles-ci reçoivent, en effet, le lait d'un grand nombre de fermes, de sorte que le beurre anormal qui proviendrait d'une ou deux fermes se trouve mélangé à des produits dont la richesse en acides volatils est normale ou dépasse la normale. Les déficits sont donc, sinon comblés par des excédents, du moins atténués, et le beurre de laiterie est certainement moins fréquemment anormal que le beurre de ferme, et l'est d'une façon moins accentuée.

A plus forte raison, le beurre des beurreries doit se ressentir moins encore des anomalies partielles.

Les beurreries en gros reçoivent, en effet, non plus le lait, mais les beurres de provenances les plus diverses et se bornent à les préparer pour la vente, notamment en effectuant des mélanges. Chez ces négociants, le beurre anormal des laiteries, comme celui des fermes, disparaît dans la masse, et à moins de concours de circonstances tout à fait exceptionnel, le mélange a forcément une composition normale....

...Parmi les beurres de laiterie d'origine hollandaise, les produits anor-

maux se rencontrent 10 fois sur 1000, et la proportion apparente de margarine varie de 10 à 25 %.

Dans les beurres de ferme du Nord de la France, il y aurait 125 produits anormaux sur 1000 et la proportion de margarine apparente serait de 8 à 10 %. La fréquence serait moindre dans les beurres de laiterie : 40 beurres anormaux sur 1000, avec 8 à 11 % de margarine apparente.

Sur 1000 beurres de la région d'Avesnes et de l'automne 1911, 444 seraient anormaux, et sembleraient contenir 10 à 25 % de margarine. La fréquence des anomalies graves est la suivante :

1° Pour les beurres hollandais (produits de laiteries) :

15 % de margarine............	186 fois sur 100.000
20 —	50 — —
25 —	0.4 — —

2° Pour les beurres analysés par moi :

A. — BEURRES DE FERME :

11 % de margarine..............	25 fois sur 1000
13 —	20 — —
15 et 16 —	20 — —
18 —	5 — —

B. — BEURRES DE LAITERIE :

11 % de margarine..............	2 fois sur 100

C. — BEURRES DE L'ÉCOLE DE LAITERIE :

10 % de margarine	115 fois sur 10.000

3° Pour les beurres de ferme d'Avesnes et environs analysés par moi :

13 à 16 % de margarine............	148 fois sur 1000
20 —	74 — —
23 —	37 — —
25 —	37 — —

En Hollande, les produits anormaux sont surtout abondants en octobre et novembre. A Avesnes, en 1911, ils existaient déjà en octobre, mais les anomalies étaient plus accentuées en novembre-décembre.

Dans mes travaux antérieurs, je les ai surtout rencontrés en août, septembre et octobre, mais j'en ai trouvé également en avril, mai, juin, juillet et novembre.

Une alimentation insuffisante est généralement considérée comme ayant pour effet de rendre le beurre anormal : l'âge du lait semble aussi avoir une grande influence : les laits de la fin de la lactation fournissent souvent des beurres moins riches en acides volatils.

Il en résulte que dans les régions où, par suite du genre de spécu-lation poursuivi, les vêlages s'effectuent tous à la même époque, il y a une partie de l'année où les beurres anormaux ont chance d'être plus nombreux. Mais il faut remarquer qu'à ce moment critique, la produc-tion est beaucoup moins importante.

Sans me croire autorisé à nier l'influence de la fièvre aphteuse, je constate que le beurre peut rester normal quand les vaches sont attein-tes de cette maladie (1).

Au point de vue de l'expertise, M. Vuaflart conclut que si la présence apparente de l'oléo-margarine ne dépasse pas 25 % et qu'on se trouve en présence d'un beurre de ferme, on peut se demander si on est en présence d'une anomalie ou d'une falsification. Si l'anomalie est ad-missible pour un beurre de ferme, elle est exceptionnelle pour un beurre de laiterie, et invraisemblable pour un produit de beurrerie. A défaut de beurre de contrôle, ce problème ne comporte pas de solu-tion absolue, et on ne peut arriver qu'à une probabilité plus ou moins grande. Les éléments d'appréciation seront fournis un peu par la date de fabrication du beurre, mais surtout par la provenance : ferme, laiterie ou beurrerie, et par l'examen des conditions dans lesquelles il a été produit. Pour la distinction entre le beurre normal et le beurre falsifié, le mieux est de recourir à l'examen d'un échantillon de com-paraison provenant d'une traite surveillée.

2° BEURRE ANORMAL PAR SUITE D'ABUS DE FEUILLES DE BETTERAVES

Nous voici maintenant en présence d'une anomalie de sens opposée à celle que nous venons de décrire. Le beurre au lieu de se rapprocher de l'oléo-margarine, voit ses constantes s'incliner vers la graisse de coco, par suite de la diminution du taux des acides fixes :

de l'augmentation du taux des acides volatils ;

de l'augmentation de l'indice de saponification, etc.

En 1907, Siegfeld a publié de nombreuses analyses montrant que

(1) En automne 1911, M. Bonn, Directeur du Laboratoire municipal de Lille, exa-mina le lait de 26 vaches aphteuses. Voici le résultat de ses analyses :

Indice de saponification................	224 à 228
Acides volatils solubles................	24,23 à 27,06
Acides volatils insolubles.............	2,36 à 2,38
Indice de R. M......................	26,65 à 29,76
Déviation à l'Oléoréfractomètre.........	29° à 30°

Il résulte de ce tableau que la fièvre aphteuse n'a pas, d'après M. Bonn, sur la composition chimique des beurres l'action que quelques observateurs ont voulu lui attribuer. Cette maladie diminue la quantité de lait fourni par les bêtes qui en sont atteintes, mais le beurre qui en résulte ne renferme nullement des quantités de mar-garine telles qu'il puisse être confondu avec un beurre fraudé.

les feuilles de betteraves fournissaient à l'essai Polenske des chiffres qui permettaient de considérer le beurre comme falsifié (1).

En 1909, le même auteur examinant des beurres de vaches nourries avec des feuilles de betteraves vit l'indice A.V.S. s'élever de 29,1 à 40,3 : l'indice Polenske passa de 3 à 6,2 : l'indice de saponification de 234 à 252,1. Une fois l'alimentation à la betterave terminée, ces indices retombèrent à 24,45 — 2,05 — à 226 (2).

A la même époque, le Professeur Ranwez appliquant la méthode de Wauters à un beurre de laiterie provenant de vaches nourries de feuilles de betteraves trouve un indice d'A.V.I. égal à 4,5.

Un autre chimiste, M. Jangoux ayant fait la même vérification sur un beurre de laiterie, dans des conditions semblables, a obtenu 6,3 pour les A.V.I. et 26,4 pour les A.V.S. (3)

Quant à l'indice de Crismer qui, pour les beurres, approche de 55, M. Cesaro l'a vu descendre à 51,5, sous les mêmes influences, fait qui peut faire considérer un tel beurre comme additionné de 5 % de graisse de coco.

Lührig et Hehner (*Pharm. Centralhalle,* 1907, p. 1049, 56) prétendent que les feuilles de betteraves comme fourrages n'ont pas d'influence sur les A.V. du beurre, mais ils reconnaissent que l'indice d'iode peut diminuer jusqu'à un minimum de 27,5.

Wauters estime que les feuilles et les collets de betteraves produisent une augmentation du taux des A.V.S. de 28 à 35, et des A.V.I. de 2 à 6 et même à 7.

Si la question de savoir si les feuilles de betteraves ont une action décisive sur la production de A.V. ne paraît pas résolue pour tous les experts, en revanche, l'action désastreuse de cet aliment employé en excès, sur la santé des vaches, paraît incontestable. Tous les éleveurs sont d'accord sur ce point.

Même si l'on donne les feuilles de betteraves à doses raisonnables (moins de 20 kilos par tête de bétail et par jour), il est bon de compléter la ration au moyen de fourrages secs et d'aliments concentrés.

Il n'est pas possible, dit M. Vivier (*Annales des Falsifications,* décembre 1911), de nourrir uniquement de feuilles de betteraves les vaches laitières de façon continue ; cette alimentation exclusive amène rapidement des diarrhées, l'amaigrissement des animaux et, en réalité, cette pratique n'est pas suivie.

(1) *Chemiker Zeitung,* 18 mai 1907, n° 40.
(2) *Zeitsch. Unter Narh,* p. 177.
(3) *Annales de Pharmacie belges,* n° 6, 1901, p. 246.

3° BEURRE ANORMAL PAR SUITE DE L'ALIMENTATION AVEC LE TOURTEAU DE COPRAH

Nombreux sont les auteurs qui affirment l'influence du tourteau de coco sur les constantes du beurre.

Bartholomé a publié une série d'intéressants résultats sur les beurres provenant de bétail recevant une ration journalière de 2 kilos de coprah.

Dans ses tableaux, nous voyons les A.V.I. osciller entre 32,1 et 35 et les A.V.I. entre 3,8 et 6,2 (1).

. Les résultats de Bartholomé établissent la grande influence de l'alimentation par le coco sur la production des A.V.I. : en effet, les rapports de cet observateur sont toujours supérieurs à ceux qui ont été constatés antérieurement. Ils s'élèvent à près de 20 % pour le beurre de mars.

Siegfeld a montré que le taux pouvait s'élever à 15 %, par suite de l'ingestion du coprah (2).

Wauters nie l'influence de l'alimentation par le cocotier sur la production des A.V.I. ; il cite quelques chiffres caractéristiques des beurres purs riches en A.V.I. (2).

```
A.V.I.............    32.8 ............  A.V.I.  3.2
A.V.I.............    34.  ............  A.V.I.  4.2
A.V.I.............    36.65............  A.V.I.  5.95
```

Il établit que, dans les beurres purs, les A.V.I. augmentent avec les A.V.S. et ajoute : « Il est bien entendu qu'il ne faut pas croire qu'il y ait entre les A.V.S. et les A.V.I. une relation mathématique et en tirer cette conclusion que tout beurre qui, par exemple, donnerait A.V.S. — 28.7 et pour les A.V.I. un nombre supérieur de quelques dixièmes à 1,8 est nécessairement additionné au coco. Cela serait en contradiction avec tout ce que nous savons sur la variabilité de composition des beurres.

De son côté, le Docteur Hoton, de Liége, a fait une série d'analyses de beurres provenant de deux étables : l'une d'elles utilisait le coco à la dose de 1 k. 500 par jour et par tête. Il ne constata pas de différence entre les A.V.S. et les A.V.I. Si on envisage la totalité des résultats des deux étables, il y a augmentation des A.V.I. là où on donne le coprah pendant la période de décembre à janvier.

G. Ledent père, a repris, en 1910-1911, les expériences de Hoton. Il s'est adressé aux produits de deux étables. Dans l'une, on administrait par tête et par jour 1 k. 500 de coprah.

---

(1) *Bulletin de l'Académie des Sciences de Belgique* (1907, p. 1067).
(2) *Falsifications et Tribunaux*, p. 50, etc.

Les résultats ont oscillé :

Pour les A.V.S. entre 24.09 et 31.9 pour l'étable alimentée au coco.
—   —   — 19.36 et 28.5 pour l'étable privée de coco.
Pour les A.V.I. entre 1.7 et 3   pour l'étable alimentée au coco.
—   —   — 1.1 et 2.9 pour l'étable privée de coco.

Ainsi, qu'il s'agisse de betteraves ou du coprah, la question de l'influence de ces substances n'est pas parfaitement résolue pour tous les chimistes. On ne sait pas encore exactement jusqu'où s'étend cette influence, les limites extrêmes de déformation qui peuvent atteindre les différentes constantes du beurre pur. Les observations faites par M. Malpeaux (1), d'une part, par M. Vivier, d'autre part, sur le lait provenant de vaches dont la nourriture avait pour base les feuilles de betteraves, ne sont pas faites pour diminuer l'incertitude qui règne sur ce problème, en raison des discordances qui séparent les conclusions de ces spécialistes. Mais c'est surtout dans le compte rendu des procès qui se sont déroulés à Liége, en 1911, et qui ont mis aux prises les experts belges les plus connus : MM. Hoton, Wauters, Cesarò, Abraham, Van de Velde, Herlant, etc., qu'on peut voir combien il est difficile de s'entendre sur les causes capables de dérégler les constantes du beurre et sur l'intensité de ces variations.

Mais il est un fait très important que l'expert retiendra. C'est que si l'emploi de la betterave et du coprah dans les limites raisonnables rend de grands services dans l'alimentation des étables, leur excès est dangereux pour la santé des laitières, dès qu'on dépasse un certain taux.

En 1911, le Docteur Hoton, de Liége, proposa d'instituer une série d'expériences, de concert avec les principaux experts belges, dans le but de fixer définitivement l'action de cet aliment sur la constitution du beurre, mais il fit cette réserve que la dose de tourteau qui serait donnée au bétail ne dépasserait pas 2 kilos par jour et par unité.

« On ne trouverait pas, dit-il, un cultivateur dans le pays qui consente à donner plus de 2 kilos de cocotier par jour, sans que son bétail ne soit, au préalable, assuré contre la maladie et la mortalité. »

D'après nos observations personnelles sur ce point, qui remontent déjà à une dizaine d'années, si l'on veut faire entrer régulièrement le tourteau de coco dans l'alimentation des laitières, il ne faut pas aller au delà de 1 kilo par jour. S'il doit être donné d'une façon intermittente, on peut atteindre 1 k. 500. Au-dessus de ces limites, qui ne représentent pas plus de 60 à 100 grammes par jour de graisse de coco, ce produit est dangereux pour la santé des vaches. Quant à la quantité de matière grasse apportée par 1 kilo de tourteau, elle ne peut avoir d'influence sensible sur les constantes du beurre.

(1) *Compte-rendu du 6e congrès de la Société d'alimentation rationnelle du bétail*, Impr. Nation., 1902.

Considérons, en effet, la production moyenne d'une vache laitière hollandaise ou du nord de la France : elle représente environ par jour 16 litres de lait et 600 grammes de beurre (1). Quelle influence pourrait avoir sur cette quantité de beurre, 60 grammes de graisse de coco ? En supposant que cette dernière passe entièrement dans le lait, elle n'aboutirait qu'à assimiler le beurre de celui-ci à un beurre fraudé par le coco à 10 %, ce qui est un taux bien modeste ! mais ce taux n'est même pas atteint. Si la graisse de coco arrive jusqu'aux glandes mammaires sans subir de transformations chimiques, ce n'est pas sans déchet qu'elle y parvient. L'examen des résidus de la digestion, aussi bien chez les carnivores que chez les herbivores, nous apprend qu'une faible partie des graisses ingérées est saponifiée et éliminée : une autre fraction est vraisemblablement brûlée. Le déchet est aussi fonction d'un coefficient d'élimination en nature par les fèces. Ce coefficient n'est sans doute pas le même pour tous les animaux, mais il n'en a pas moins une valeur qui n'est pas négligeable. Toutes ces causes réunies font descendre bien au-dessous de 10 %, c'est-à-dire à 8 %, peut-être à 6 % le taux de la graisse étrangère réellement utilisée à augmenter la production du beurre. Nous voilà bien près des limites où les méthodes chimiques n'offrent plus qu'un appui incertain à l'expertise et où les fraudeurs ne trouvent qu'un bénéfice illusoire et bien loin des nombres admis par quelques chimistes qui prétendent qu'un tel beurre anormal peut présenter les caractères d'un beurre fraudé à 20 et même 15 %. Nous ne pouvons pas croire à l'existence de tels beurres. Ce serait admettre qu'il existe des propriétaires assez peu instruits et assez négligents pour attenter à la santé de leurs troupeaux et consommer leur propre ruine.

Si la matière grasse des tourteaux peut avoir une légère influence sur les constantes du beurre, il est peu vraisemblable que la pulpe agisse dans le même sens. Celle-ci est composée de parois très minces, très blanches, de cellules parenchymateuses, et constitue un aliment très riche. D'après les analyses de l'un de nous (2), il renferme 3 % d'azote et 4,75 % de matières minérales. Celles-ci contiennent 21,40 % d'acide phosphorique à l'état de phosphates alcalins et terreux.

Nous nous sommes demandés si la géographie des beurres anormaux pouvait être établie d'une façon utile, mais nous croyons que ce travail serait prématuré, car il nous manque encore bien des éléments indispensables. Sur une foule de régions en France, nous ne possédons que des renseignements insuffisants. Il est probable qu'en Bretagne, par exemple, les beurres anormaux par desuiffement donneraient lieu

(1) *Enquête sur le Lait à Lille* (Thèse de Doctorat en pharmacie de M. A. BURY, 1911). Imp. Liégeois, 6, rue Léon Gambetta, Lille.
(2) *Revue Générale de Chimie pure et appliquée*, 1905 (Note sur l'huilerie Marseillaise).

à des remarques analogues à celles qui ont été relevées dans le Nord, mais il a été fait dans cette région si peu d'observations qu'aucune conclusion n'en résulte : même observation pour le centre de la France.

Dans la région lyonnaise, on a remarqué que, d'une façon générale, l'indice de Crismer, plus élevée en automne, pouvait monter jusqu'à 60, tandis que l'indice de saponification à partir de fin février jusqu'en été pouvait atteindre jusqu'à 232. Ces remarques faites sur des beurres anonymes dépourvus de toute authenticité ne donnent que des renseignements bien relatifs (1).

En Lorraine, rien de suspect n'a attiré l'attention sur les beurres et les anomalies qu'on a pu relever pouvaient être attribuées au mauvais état de santé des vaches. Nous savons que la Finlande produit des beurres à indices d'acides volatils élevés. D'où vient cette anomalie ? Ce ne peut être de la betterave qui y est peu cultivée. Le Danemark également produit de tels beurres, mais la bettérave peut être rendue responsable de cette perturbation des A.V. qui a été constatée également dans certains beurres du Nord de l'Italie.

L'examen de la laiterie en Suisse, dans le Jura français et dans les Vosges donne lieu à des remarques intéressantes. Dans ces régions, il n'existe pas de beurres anormaux. Cette constatation étonne d'abord, car plus qu'en Hollande apparaissent ici les conditions capables de déterminer les anomalies du beurre : climat rigoureux, hiver long et pénible : humidité, vent, etc. Pourtant le lait et le beurre gardent toute l'année une régularité de composition remarquable. Une enquête rapide dans les cantons suisses permet de s'en assurer : mais c'est surtout à Vevey, près de la Cie Nestlé et Anglo-Swiss Condented Milk que nous avons pu constater cette régularité.

L'usine de Vevey reçoit le lait de plus de cent villages des cantons de Fribourg et de Vaud.

L'administration de la Société de Vevey a imposé par contrat à tous ses correspondants certaines conditions de nourriture et d'hygiène dont les fermiers ne peuvent s'écarter, et c'est uniquement l'exécution fidèle de ces clauses qui a pour conséquence la production d'un lait toujours identique à lui-même. Dans les pâturages d'altitude moyenne comme le Jura, les Vosges, le Vivarais, s'épanouit une flore éminemment propre à donner un lait très agréable en même temps que très régulier. Le régime de la transhumance appliquée avec intelligence et à propos convient très bien aux laitières dans les ballons et sur les chaumes des Vosges et dans ces pays rudes où le climat ne s'adoucit que pendant quelques mois seulement on constate qu'en observant les règles de l'hygiène de l'habitat et de la nourriture, on a pu éviter la misère physiologique qui, seule dans le nord, apparaît comme la cause de l'anomalie des beurres par desuiffement.

(1) Communication du Directeur du Laboratoire municipal de Lyon (avril 1912).

Nous avons exposé jadis (2) comment en Provence, autour de Marseille, était organisé le service de la laiterie qui alimente la grande cité. 12.000 vaches laitières assurent l'approvisionnement d'un demi-million d'habitants dans un pays où la nature n'a pas prodigué les gras pâturages et les conditions habituelles qui font la prospérité des troupeaux. Néanmoins, grâce aux soins intelligents des propriétaires et à une nourriture sagement variée, grâce encore à l'habitude aussi prudente que profitable d'éloigner des étables les vaches âgées et tuberculeuses, la constitution du lait et du beurre de la région Sud-Provençale ne laisse rien à désirer comme régularité et comme qualité. Nous avons encore trouvé là une nouvelle preuve que la véritable cause du beurre anormal était l'incurie des éleveurs et ceci est important à constater au point de vue de l'expertise judiciaire.

De tout ce que nous savons maintenant sur les conditions déplorables de l'habitat et de l'alimentation de certains troupeaux, sur les conséquences qui découlent de ces habitudes, nous pouvons dégager quelques conclusions en ce qui concerne les beurres anormaux.

Qu'est-ce qu'un beurre anormal ? C'est le produit d'un lait anormal et ce dernier est la conséquence d'habitudes anormales imposées d'une façon suivie aux vaches laitières. Ce lait, ce beurre sont l'indice de la misère physiologique d'un individu ou d'un troupeau, soit qu'on leur refuse les conditions d'un abri indispensable à leur santé, soit qu'on leur impose des fatigues disproportionnées à l'effort qu'ils peuvent fournir, soit qu'on les prive de nourriture ou qu'on les nourrisse d'une manière défectueuse.

Un lait anormal ne peut être le produit d'une méconnaissance accidentelle des soins qu'on doit donner aux animaux ; pour qu'il se manifeste, il faut que l'hygiène de l'étable soit violée pendant un certain temps, et nous insistons sur cette définition, car on comprendra de suite que le lait et le beurre anormaux ne peuvent réellement pas prendre une extension illimitée. Personne n'a intérêt à entretenir cette production. Un troupeau mal soigné, mal tenu, donne un profit de plus en plus réduit et périclite rapidement. C'est une économie mal comprise que celle qui consiste à le nourrir peu ou mal. Les bêtes maigrissent, deviennent une proie facile aux invasions microbiennes et meurent à brève échéance. Ceci nous amène à penser que les beurres anormaux sont peut-être moins répandus qu'on serait tenté de le croire, d'après les citations de certaines publications qui en voient un peu partout. D'ailleurs, ils n'apparaissent qu'à certaines époques de l'année et dans les mouvements qui les conduisent des beurreries isolées où ils prennent naissance, aux entrepositaires qui opèrent les mélanges, puis

(1) *Bulletin des Sciences pharmacologiques*. Juillet 1904. Le lait à Marseille autrefois et aujourd'hui.

aux marchés qui livrent aux consommateurs, ils se trouvent perdus, noyés dans les masses de beurre normal qui, par leur mélange, constituent le beurre marchand, en sorte que leurs caractères exceptionnels sont atténués au point de disparaître.

Si, provenant de fermes déterminées, n'ayant subi aucun mélange, le beurre anormal peut donner lieu quelquefois à des contestations judiciaires, les experts et la justice ont toujours la ressource de remonter à l'origine du produit et de procéder à des essais comparatifs.

Mais le beurre anormal ne se conçoit pas comme produit courant : on ne voit pas bien quel mobile pousserait les propriétaires des troupeaux à s'exposer à un dommage certain. Nous préférons croire qu'on a abusé un peu de ce terme qu'on agite parfois comme un épouvantail en face d'experts prédisposés à la sévérité.

Dernièrement (1), M. Eloire, vétérinaire départemental, à Caudry, déclarait qu'il avait pu produire à volonté en hiver, des beurres naturels, mais *anormaux,* dont la teneur en graisse analogue à l'oléo-margarine du commerce, variait de 10 à 45 et même à 50 %. C'est avec juste raison que M. A. Bonn, Directeur du Laboratoire Municipal de Lille, fait remarquer que les animaux ayant fourni *à volonté* ces beurres, sont beaucoup plus des animaux de laboratoire, des sujets d'expérience, que des animaux d'une exploitation agricole régulière et en état de fonctionnement normal (2).

C'est donc pour des raisons d'ordre, de régularité, de propreté et d'hygiène que l'extinction des beurres anormaux doit être réclamée et poursuivie par tous les moyens. Cette anomalie est une tare qu'on ne trouve pas dans les pays soucieux de la bonne réputation de leurs produits, comme la Suisse. Nous pouvons très bien nous en débarrasser.

Un beurre de vache vieille ou phtisique, ou aphteuse, ou fiévreuse, ou fatiguée, ou abîmée par le froid, la faim, est un beurre suspect. Le beurre anormal n'est pas autre chose. C'est une denrée de rebut !

« *Une personne en bonne santé ne tombera pas forcément malade* « *parce qu'elle aura absorbé du beurre anormal, mais toutes les vaches* « *dont les produits (beurre et lait) sont dangereux pour la santé, don-* « *nent du beurre anormal.* »

Il serait vraiment incompréhensible que, sous prétexte qu'on tolère la circulation et la vente de beurres anormaux, c'est-à-dire suspects, de beurres provenant de vaches réellement souffrantes, produisant une denrée défigurée, difforme, que la prudence invite à éloigner de la consommation, on s'avise de maquiller, de rendre suspect à son tour, la graisse de coco, aliment parfaitement propre, sain, hygiénique, et de composition invariable.

(1) *Recueil de médecine vétérinaire* (15 novembre 1911).
(2) *Annales des falsifications* (février 1912).

C. RÉGULARITÉ DES CONSTANTES DE LA GRAISSE DE COCO

Les nombres que nous relevons dans les travaux des différents chimistes qui se sont occupés de la graisse de coco ne présentent pas une concordance parfaite, mais leurs variations sont incomparablement moindres que celles que nous constatons lorsqu'il s'agit du beurre.

Et il ne peut en être autrement : le beurre subit dans les rapports des éléments qui le constituent des variations dont les causes sont multiples. Suivant les régions, les climats, la nature des pâturages, le régime alimentaire, les races laitières, l'âge des sujets, leur état de santé, on voit ses constantes osciller avec une amplitude qui n'est point négligeable (1).

Tout comme l'espèce bovine, le cocotier présente de nombreuses variétés, mais de l'avis des industriels les plus expérimentés, l'huile de coprah qui en résulte semble partout identique. Ni le climat, ni l'altitude, ni le sol ne paraissent avoir d'influence sur ce produit : d'ailleurs, les conditions de croissance et l'aire d'expansion du cocotier sont rigoureusement limitées.

Nous admettons donc que la matière première de la graisse de coco est, au début, parfaitement uniforme, qu'il s'agisse des cocotiers des Antilles, ou de ceux de Ceylan ou des Seychelles. Mais cette matière première n'arrive pas en Europe dans des conditions qui lui permettent d'être toujours semblable à son état d'origine. Les coprahs s'altèrent au cours de longs voyages, fermentent et l'huile de première extraction varie à bien des points de vue, mais surtout comme acidité. Néanmoins, l'épuration chimique qui consiste en une série d'éliminations successives aboutit toujours à un produit identique : les rendements seuls diffèrent.

Malgré cette constatation, quelques constantes du coco donnent encore maintenant lieu à des appréciations contradictoires.

Dans son premier rapport sur la graisse de coco épurée, en 1897, Muntz fixait la densité de cette graisse à 0,924. Mais il ne disait pas à quelle température. On lui a attribué ailleurs une densité de 0,843 à +100°. (*Analyse des Matières Alimentaires et Recherche de leurs Falsifications*, Girard, p. 437.)

D'après ce document, la densité de la graisse de coco serait bien inférieure à la densité moyenne du beurre de vache (0,865 à 0,868, Königs, Sell, etc.)

Dans l'ouvrage : *Boter en Margarine*, rédigé par un groupe de spécialistes hollandais, on affecte (page 124) à la graisse de coco une densité de 0,863 encore inférieure à celle du beurre de vache.

_____

(1) Bien entendu, il ne s'agit ici que des variations des constantes des beurres réguliers et pas de celles des beurres anormaux qui sont d'un ordre tout différent.

5

Halphen (*Huiles et graisses végétales comestibles*, 1912) assigne à la graisse de coco une densité de 0,926 à +15° et au beurre de vache 0,920 à 0,936 (pages 60 et 61).

Il n'est donc pas étonnant que des experts aient prétendu parfois que l'addition de graisse de coco au beurre de vache produisait inévitablement un abaissement de la densité de ce dernier.

Or, il ne peut y avoir de doute sur ce point, la graisse de coco épurée ne peut qu'augmenter la densité du beurre. A plusieurs années d'intervalle, nous avons pris la densité de différents échantillons de graisse de coco épurée soit à la chaux, soit à la soude, nous avons toujours trouvé une densité supérieure à celle du beurre et comprise entre 0,868 et 0,870 à +100°. Nous croyons qu'on éviterait ces erreurs en se bornant à indiquer les nombres qui donnent la densité à +100°, sans s'occuper des densités des corps gras au-dessous de cette température.

Déjà, en 1911, le Dr Hoton avait relevé cette erreur et déclaré que la densité de la graisse de coco était toujours supérieure à celle du beurre de vache.

Le point de fusion est voisin de +24° (Girard). Halphen indique +26°. Nous ne l'avons jamais trouvé supérieur à ce dernier nombre.

Le point de solidification ne s'éloigne guère de +22° (Halphen, Muntz, Girard).

L'indice de saponification est de 240 pour Florence, 258 à 268 pour Girard, 255 à 257 pour Halphen. Généralement, nous avons trouvé 255, Vuaflart donne 257. On assigne à l'indice d'iode : 8 (Girard) ; 8,25 (Florence) ; 9 (Ledent). C'est ce dernier chiffre que nous avons trouvé le plus souvent sans variations sensibles.

L'indice de Crismer est de 34 d'après Muntz, de 35 d'après Ledent. Nous avons trouvé constamment 35.

On est également d'accord pour limiter les acides solubles entre 2,20 et 2,70 et les acides volatils insolubles entre 8,80 et 10 et pour admettre comme déviation à l'oléo-réfractomètre 54-55.

En résumé on peut affirmer la stabilité de composition de la graisse de coco épurée, et au point de vue de l'expertise cette constatation est très rassurante.

Imaginons un instant, en effet, pour les constantes de la graisse de coco une élasticité analogue à celle qui caractérise le beurre de vache, il n'est plus de contrôle possible par les anciennes méthodes chimiques : l'identification de l'une ou de l'autre graisse se heurte de tous côtés à des approximations qui assureraient l'impunité aux mélanges les plus grossiers et les plus audacieux, si nous n'avions pour suprême moyen de défense les méthodes de Cesaro et de Bömer.

La quasi-invariabilité des constantes de la graisse de coco suffit au contraire à assurer la sécurité et le succès de l'expertise purement chimique. Elle en est le pivot, le point d'appui inébranlable.

2°

BEURRES FRAUDÉS PAR DES MÉLANGES COMPENSATEURS

Nous sommes convaincus qu'en utilisant les procédés actuellement connus l'expertise est armée pour déceler l'adultération du beurre jusqu'aux limites où les fraudeurs ne trouvent plus de bénéfice à exercer leur coupable industrie ; mais il est une raison formelle pour laquelle les résultats d'une telle recherche ne peuvent jamais présenter la rigueur d'une solution mathématique ; (nul ne peut dire, par exemple, qu'il a trouvé dans du beurre dix pour cent de graisse de coco à moins de un centième près), c'est que les nombres qui caractérisent les constantes de tout corps gras en général et du beurre en particulier oscillent entre deux extrêmes, entre un maximum et un minimum, sur lesquels les chimistes ne sont pas toujours d'accord.

Néanmoins, on connaît l'amplitude des divergences, et c'est encore là une sorte de précision ; ainsi l'estimation de la pureté du beurre est loin d'être une question sans intérêt et sans portée.

Cette estimation serait donc assez précise pour décourager à tout jamais les fraudeurs et les obliger à s'abstenir totalement, car elle dévoilerait leurs manœuvres, alors que celles-ci ne seraient plus rémunératrices, si nous n'avions jamais à traiter que des mélanges de beurre et de graisse de coco.

En effet, par leur teneur en acides volatils solubles et insolubles, par leur coefficient de dissolution dans l'alcool absolu, par leur coefficient d'absorption de l'iode et par quelques autres particularités, ces deux corps gras diffèrent tellement que dans leur mélange on arrive à déterminer moins de 5 % de graisse de coco. Mais il n'en est pas ainsi dans la pratique de l'expertise. Il est facile jusqu'à un certain point de corriger les divergences qui mettent en évidence la présence du coco dans le beurre et d'ajouter aux deux graisses un autre corps gras capable de rétablir l'équilibre et de fournir une compensation utile aux fraudeurs.

C'est ainsi que l'addition de margarine bien comprise masque la présence du coco dans le beurre ou encore que le beurre falsifié avec la margarine reprend certains caractères du beurre pur si on lui ajoute une quantité suffisante de coco. Il y a longtemps que le Dr Hoton, de Liége, a signalé une des compositions les plus employées pour frauder le beurre et dont voici la formule :

Beurre ou graisse de coco alimentaire............ 34
Oléo-margarine 30
Neutral-lard 31
Huile végétale................................. 5

Le tableau suivant rendra plus saisissants les caractères compensateurs des constantes des trois corps gras : beurre, coco, margarine (les nombres inscrits ci-dessous sont des moyennes) :

	Coco	Beurre	Margarine
Densité à +100......................	870	866	860
Acides volatils solubles..............	9	28	0,2
Acides volatils insolubles.............	16	2	0,5
Oléoréfractomètre Jean et Amagat.....	— 54	— 30	— 15
Acides gras fixes.....................	84	87.5	92
Indice d'iode........................	9	34	50
Indice de saponification..............	255	225	197
Indice de Crismer (température critique de dissolution dans l'alcool absolu)..	35	55	78

On voit de suite que si l'addition de coco au beurre élève l'indice réfractométrique, la margarine ramène cet indice à — 30 lorsqu'elle est ajoutée dans la proportion de 6 parties de margarine pour 4 de coco ; de même si le coco diminue le taux des acides gras fixes du beurre, la margarine ajoutée en quantité à peu près égale au coco rétablit le chiffre qui caractérise le beurre pur. En ce qui concerne l'indice d'iode, la fraude est masquée si au beurre pur que nous considérons dans le tableau ci-dessus on ajoute un mélange formé de 4 parties de coco et de 6 parties de margarine. Un simple calcul permet également d'évaluer quel mélange on peut employer pour ne pas porter atteinte à l'indice de saponification et à l'indice de Crismer ; pourtant ces compensations ont des valeurs inégales suivant les constantes qu'on envisage. Le mélange frauduleux qui laisse intact l'indice réfractométrique du beurre pur, élève les acides gras fixes au-dessus de la normale. S'il peut attribuer à un beurre fraudé l'indice d'iode d'un beurre intact, il diminue légèrement l'indice de saponification du beurre pur et il augmente sensiblement l'indice de Crismer. Mais en réalité ces bouleversements (si l'expert ne se livrait à un examen approfondi) profiteraient aux fraudeurs, car ils placeraient la plupart du temps le chimiste en face de résultats si voisins des limites assignées au beurre pur qu'il serait difficile de conclure. Il est cependant un point où le mélange coco et margarine échoue comme compensateur, c'est à propos des acides volatils solubles et des acides volatils insolubles. Le taux des premiers est bien supérieur dans le beurre au taux des mêmes acides dans le coco et dans la margarine. Inversement, le coco renferme beaucoup d'acides volatils insolubles, alors qu'il y en a huit fois moins dans le beurre et trente fois moins dans la margarine. Il s'ensuit que les méthodes fondées sur l'appréciation du rapport de ces deux constantes sont très sérieuses et que pour leur enlever leur valeur il faudrait arriver à introduire artificiellement des acides volatils solubles dans le coco et dans la margarine et à priver le coco d'une partie de ses acides volatils insolubles.

C'était déjà, il y a 10 ans, l'opinion de M. Wauters. Nous extrayons de son rapport au 2ᵉ Congrès national belge de la laiterie (27 et 28 avril 1912) les lignes suivantes :

« Par sa composition spéciale, la graisse de coco jette le désarroi,
« si je puis m'exprimer ainsi, dans les données physiques sur lesquelles
« les Inspecteurs se basent, pour prélever les échantillons de beurre.

« Il suffit de jeter un coup d'œil sur les chiffres suivants en se rap-
« portant aux explications que j'avais donné au commencement de mon
« rapport, pour s'en assurer.

	Beurre de coco	Oléo margarine et huile	Mélange moitié oléo et moitié coco	Beurre de vache composition moyenne
Indice au butyroréfractomètre de Zeiss	34	50	42	42
Température critique de dissolution dans l'alcool de densité 0,7967 ..	35	78	56	54

« Ces chiffres sont, bien entendu, des moyennes : ils varient avec
« les échantillons. On voit qu'un mélange à parties égales d'oléo-
« margarine et de beurre de coco possède à peu près les indices phy-
« siques du beurre de vache et qu'en ajoutant 25 et même 50 % du
« mélange à du beurre de vache on n'en modifie presque pas les
« indices physiques. Les chiffres obtenus sont ceux de beaucoup de
« beurres purs, dont la composition varie énormément, comme je l'ai
« dit plus haut. Les prélèvements sur le marché sont donc devenus
« fort difficiles, lorsqu'on emploie un pareil produit pour falsifier le
« beurre.

« J'ajoute immédiatement que l'indice AVS étant très bas, dans le
« beurre de coco et celui-ci contenant, en outre, à l'encontre du beurre
« de vache une forte quantité d'acides insolubles, lorsqu'on fait l'ana-
« lyse complète d'un beurre additionné de graisse mélangée, on peut
« arriver par la comparaison des chiffres de l'analyse à décéler la falsi-
« fication. »

3°

LIMITES DE SENSIBILITÉ DES MÉTHODES D'ANALYSE

Nous avons pensé que nous ne saurions terminer notre enquête sur l'expertise des beurres appliqués spécialement à la recherche de la graisse de coco sans solliciter l'avis des experts dont la compétence scientifique est la mieux établie et qui font autorité en la matière.

Parmi les réponses qui nous sont parvenues, nous détachons les suivantes :

Voici ce que nous écrit M. le Docteur Herlant, de Bruxelles (février 1912) :

« *Les méthodes chimiques bien connues de Muntz et Coudon,
Wauters, Polenske, et la détermination de certaines constantes phy-*

siques (réfraction, indice de Crismer), permettent évidemment de déceler facilement des additions un peu notables de coco : mais si l'addition a été minime (de 5 à 10 %), l'analyse chimique seule ne permet pas de conclure : dans ce cas, je pense que l'examen microscopique, selon la méthode Cesaro, permet seul de découvrir la falsification... Je n'ai jamais trouvé de procédé Cesaro en défaut. C'est pour le moment le procédé le plus sûr et le plus facile à exécuter à condition de suivre bien exactement les indications de l'auteur... »

Voici maintenant l'opinion de M. Van de Velde, Directeur du Laboratoire communal de Gand (janvier 1912) :

« La méthode à la phytostérine est la meilleure et la plus décisive. Elle présente deux inconvénients : elle est longue, onéreuse et pas à la portée de tous les chimistes : s'il y a peu de coco, il faut opérer sur un échantillon un peu considérable (100 à 200 grammes).

« L'ensemble des données analytiques est toujours nécessaire. Il faut se garder d'utiliser une seule donnée. J'ai l'an dernier basé mon appréciation sur l'examen microscopique seul (cas d'un mélange de coco à du saindoux à indices chimiques se rapprochant de ceux du beurre), actuellement je ne conclus plus à la falsification qu'en présence de détermination d'ordre chimique et optique en même temps... »

Ecoutons maintenant M. le Docteur Svaving, de s'Gravenhage (janvier 1912) :

« La meilleure méthode est la méthode Böhmer à la phytostérine :

« D'après les indications du professeur Böhmer même, on peut déceler un pourcentage de 5 % de coco avec certitude en opérant sur 100 grammes de matière. Il est peut-être possible de déceler avec certitude un pourcentage de 2 à 3 % de coco dans le beurre, si on opère avec 200 grammes.

« La méthode Cesaro donne des indications très précises. Moi-même, quand j'étais expert chimiste officiel du gouvernement, je me suis beaucoup servi de l'examen microscopique à titre de renseignement. »

M. le Docteur van Sillevoldt, de Leiden, nous écrit (février 1912) :

« D'après mon avis, la méthode la meilleure et la plus sûre pour la recherche de la graisse de coco dans le beurre est celle de Böhmer ; il y a encore la méthode microscopique de Cesaro avec laquelle on peut déceler une toute petite quantité de coco. »

Sur le même sujet, le Docteur Hoton, de Liége, s'exprime ainsi (février 1912) :

« Les trois méthodes chimiques Müntz-Coudom, Wauters, Polenske ne permettent pas à mon avis de déceler moins de 10 % de coco et même moins de 15 % en hiver, car le rapport $\dfrac{AVS}{VI}$ n'est pas le même en été qu'en hiver dans les beurres purs.

« *Les méthodes directes d'examen microscopique sont précises quand les mélanges coco beurre ont été mal faits. Nous avons trouvé, grâce au microscope, jusqu'à* 5 % *de coco.*

« *Si le mélange est bien fait, si tous les cristaux ont été noyés dans la masse du beurre, il faut procéder à l'extraction du coco par la méthode Cesaro.*

« *Elle donne des résultats certains à la dose de* 5 %.

De Duisbourg (Kaldenkirchen), le Docteur Wagner écrit (février 1912) :

« *La méthode la plus certaine et la plus pratique pour déceler la présence du coco dans le beurre est, à mon avis, la méthode Polenske en connexion avec l'indice de réfraction et de saponification. On peut ainsi certifier l'addition d'environ* 10 % *de coco au beurre.* »

Voici maintenant ce que nous dit (mars 1912) le Dr Roehrich, chimiste-conseil de la ville de Leipzig (Allemagne) :

« *... Nous constatons d'abord sur chaque corps gras la réfraction, l'indice des acides fixes (non volatils) le nombre R.M., le degré de saponificatio· le nombre de Polenske, et, si l'occasion se présente, l'indice d'iod*. *Immédiatement après ces constatations, lors d'une forte élévation du nombre de saponification (au-dessus de 230) et en même temps d'une baisse des valeurs nominales de la réfraction en usage ici (40 à 43), nous procédons à l'expertise sur la présence de la graisse*

« *1° A notre avis, la méthode du Docteur Cohn, de Berlin (Revue de Chimie publique, 13° année) atteint le plus sûrement ce but. Rien que par des considérations théoriques, il faut lui donner la préférence avant toute autre méthode. En plus de cela, elle peut être mise en pratique sans beaucoup d'embarras. Nous opérons toujours en faisant des essais de contrôle même sur du beurre (fabriqué) et nous arrivons toujours à des résultats utilisables. Généralement,* 10 % *de graisse de coco sont toujours à constater dans le beurre : quelquefois, on parvient même à constater sa présence à* 5 %... »

. Le Docteur Armand Jorissen, Professeur à l'Université de Liége, s'exprime en ces termes (février 1912) :

« *En attendant que la méthode optique de Cesaro ait reçu la sanction d'une longue expérience, j'estime que la recherche d'une petite quantité de coco (j'entends par là des doses inférieures à* 15 %), *dans le beurre présente de très sérieuses difficultés.*

« *Les nombreux résultats analytiques publiés par Siegfeld, Lührig et autres auteurs ont montré, en effet, que certains beurres peuvent présenter des constantes à peu près semblables à celles que fournissent des échantillons additionnés de* 15 % *et plus de coco. Tel est le cas* pour le beurre de vaches soumises au régime des feuilles de betteraves qui fournit un taux élevé d'acides gras volatils et insolubles (indices Polenske, Wauters et Müntz-Coudon).

« La seule méthode qui, actuellement, semble de nature à donner des indications précises, est celle qui consiste à déterminer le point de fusion d'un mélange d'acétate de cholestérine et de phytostérine que l'on peut obtenir au moyen de beurre additionné de coco, d'après la méthode de Bömer. Mais il importe de noter que certains cocos sont pauvres en phytostérine, de telle sorte qu'un résultat négatif ne prouve pas toujours qu'il n'y a pas eu d'addition. Au surplus, cette recherche nécessite la mise en œuvre de grandes quantités de beurre et les opérations sont particulièrement délicates. D'après les données recueillies jusqu'à présent, il semble que la méthode optique décrite par notre collaborateur Cesaro, de Liége, soit des plus recommandables, quand il s'agit notamment d'échantillons qui n'ont pas été soumis à la fusion préalable.

« Ces échantillons additionnés de coco refroidis lentement comme c'est le cas pour le produit fabriqué en Belgique, contiennent toujours des cristaux présentant des caractères optiques spéciaux, d'après Cesaro (cristaux à allongement positif).

« D'après l'auteur, il serait même possible de déceler l'addition de coco en très faible quantité par un traitement préalable à l'alcool, lequel, dans des conditions déterminées, abandonne des cristaux caractéristiques de coco.

« A cet égard, je crois qu'il convient de se montrer prudent et qu'avant de conclure définitivement, il faut attendre que la méthode ait été appliquée à l'essai de très nombreux échantillons de beurres purs de diverses origines. (J'ajouterai que, jusqu'à présent, à part de très légers accrocs, le procédé a donné des résultats très encourageants.)

« Pour ce qui me concerne, j'estime cependant que les caractères optiques décrits par Cesaro doivent être ceux de la Laurine, qui est l'un des principes constants du coco, d'après beaucoup d'auteurs, et je ne puis oublier que, d'après les indications de Heintz, souvent le beurre de vache pur est riche en laurine. Il faut attendre, à mon avis, que des expériences effectuées sur des beurres provenant de vaches nourries au moyen de feuilles de betteraves aient montré que ces beurres ne se comportent pas comme des échantillons additionnés de coco, surtout, si on applique l'extraction par l'alcool.

« Quoi qu'il en soit, les expériences effectuées en Belgique ont montré que le beurre de vache pur et qui n'a pas éprouvé une fusion préalable, ne présente jamais à l'examen direct des caractères positifs, caractères optiques assignés par Cesaro aux cristaux de coco (allongement positif).

« En réalité, il s'agit ici d'un caractère précieux, puisque qualitatif.

*A mon avis, il faut donc considérer comme très suspect tout échantillon
dont l'examen direct permet de déceler les cristaux en question.*

« *Si ce même échantillon se comporte comme s'il contient de la
phytostérine, l'expert me paraît fondé à conclure à une fraude par
mélange de coco.*

« *Quant aux indications fournies par la détermination des autres
constantes, je crois inutile de vous faire remarquer qu'elles ne sont
guère utilisables dans le cas où il s'agit d'une addition inférieure à
15 %.*

« *En réalité donc, je crois qu'il y a beaucoup à faire pour doter
l'analyse d'une méthode pratique et dont les indications ne soient pas
suspectes.*

« Rapprochons de ce témoignage celui de M. Van Damm (Laboratoire central d'analyses de denrées alimentaires. Administration du service de santé et de l'hygiène. Minist. de l'Intérieur, Bruxelles).

« ... *Aucune des méthodes récemment préconisées n'est absolue par
elle-même, si elle n'est pas remise en regard des données analytiques
ordinaires, notamment de la réfraction, de l'indice de Crismer et des
A.V.I. Dans ces conditions, on peut caractériser une addition de
10 % de coco.*

« *En dessous de cette limite, et en dehors de cas spéciaux, comme
la présence de cristaux caractéristique de coco, j'estime qu'un expert
chimiste consciencieux ne peut pas se prononcer...*

En face de ces déclarations, nous placerons l'avis de M. Abraham
qui répond plus spécialement aux experts soucieux de connaître l'influence de la feuille de betterave et du tourteau de coprah sur la composition du beurre de vaches alimentées avec ces deux produits :

*A propos de l'intéressant travail de Me Leroux, avocat (Falsifications
et Tribunaux, Liége, 1911), sur la falsification du beurre par la cocoline, il me paraît intéressant de faire quelques observations au point de
vue de la recherche cristallographique de la cocoline dans le beurre.*

Page 34 du travail précité, l'expert C... dit : « *Un beurre pur à
indice Polenske élevé, qui aurait été fondu, puis conservé, ne don-
nera-t-il pas à la longue des cristaux à allongement positif ?*

Page 25, l'expert A... dit : « *Nous désirons savoir si le beurre de
vaches nourries au cocotier ne contient pas de cristaux, etc. »,* et
page 92 il continue en disant : « *Si on alimente les vaches d'une façon
spéciale, la proportion de ces glycérides (prédominant dans le coco)
peut augmenter : de là à la cristallisation il n'y a qu'un pas. »*

*A ces hypothèses, je tiens à opposer les résultats de quelques re-
cherches que j'ai faites récemment. J'ai examiné deux fois par mois,
pendant cinq mois, le beurre de vaches recevant par tête et par jour*

1 k. 1/2 de tourteaux de cocotier. Je n'y ai jamais trouvé soit à l'examen direct, soit à l'extraction par l'alcool les microlites de la cocoline, tandis que dans un beurre mélangé de 5 % de cocoline, j'ai pu les identifier parfaitement.

Ces résultats ne font, d'ailleurs, que confirmer les affirmations de M. le Professeur Cesarò à l'audience. Pour répondre plus spécialement à l'hypothèse de l'expert C... (page 34), je signalerai les résultats suivants :

J'ai examiné du beurre vieux de six mois et provenant de vaches nourries aux tourteaux de cocotier : je n'y ai trouvé aucun microlite de cocoline.

Je suis arrivé aux mêmes résultats négatifs avec des beurres analogues, vieux de plus d'un an, que je dois à l'amabilité d'un confrère.

Si nous rapprochons ces résultats de la conclusion que l'expert C... énonce page 114 où il dit : « L'étude de M. Cesarò tranche de la façon la plus élémentaire, la plus pratique et la plus sûre; le problème de la découverte du coco dans le beurre, s'il est établi que la Laurine ne passe pas dans le lait des vaches nourries au coco », nous pouvons dire que la recherche de la cocoline par la méthode de M. Cesarò est tranchée d'une façon élémentaire, pratique et sûre.

Nous clorons cette série de dépositions par cet avis émané de M. Coudon :

« Je ne dirai pas que le procédé Müntz et Coudon est le meilleur. Il en existe qui doivent être tout aussi bons dûs à M. Bellier et à M. Robin. Je parlerai seulement de celui que nous pratiquons à l'Institut agronomique, parce que je suis certain qu'on peut en tirer un bon parti et reconnaître facilement avec les résultats qu'il donne une addition de 10 % de coco dans les cas les plus défavorables.

Dans beaucoup de beurres nous avons pu facilement, M. Müntz et moi, déceler une addition de 5 % de coco sans connaître, bien entendu, le beurre qui avait servi au point de départ de la fraude. Même dans les cas où la falsification est faite avec un mélange de margarine et de coco, ce qui maintient pour le produit fraudé un indice de saponification et de Crismer normaux, la caractérisation du beurre de coco est très facile. »

M. Coudon ne nous a donné qu'une appréciation s'appliquant aux méthodes chimiques dont il a une grande expérience. Si, pour quelques-uns, les nouvelles méthodes ne paraissent pas encore tenir du temps l'autorité qui s'attache à leurs aînées, il n'en est pas moins certain que les experts qui ont employé ces méthodes récentes leur accordent une entière confiance. Et comme notre étude vise plus particulièrement la fraude du beurre par addition de coco, nous nous rallions plus spécialement aux conclusions de MM. Van de Velde, Svaving, van Sillevoldt, Abraham, etc.

Les méthodes de Böhmer et de Cesarò décèlent la graisse de coco bien au-dessous de 5 % et nous ajoutons, en ce qui concerne le procédé Bömer que ce résultat est certain, alors même qu'on se trouverait en présence d'une graisse de coco renfermant un minimum de phytostérine, soit o gr. 15 % et qu'elle aurait été additionnée de paraffine.

Ainsi, la défense du beurre pur se trouve rigoureusement assurée, car le taux où la graisse de coco introduite, passerait inaperçue correspond à un bénéfice si minime pour le fraudeur que la plus élémentaire prudence conseillera à celui-ci de s'abstenir.

<h2>4°
DIVERGENCES DANS L'APPRÉCIATION DES MÉTHODES
D'ANALYSE</h2>

L'enquête à laquelle nous nous sommes livrés auprès des chimistes qui se sont plus particulièrement attachés à l'expertise des matières grasses, nous a révélé quelques divergences dans l'appréciation des méthodes chimiques.

Pour certains experts l'appréciation de la fraude est illusoire au-dessous de 15 % de graisse de coco ; pour d'autres, on peut déceler 10 % et enfin quelques-uns admettent qu'une addition de 5 % de graisse végétale est justiciable des procédés chimiques. Prenant acte de ces divergences, les adversaires de l'industrie de la graisse de coco ont proclamé la faillite de l'expertise. En réalité, ces discordances sont plus apparentes que réelles.

La diversité des jugements portés sur la sensibilité des méthodes chimiques que nous avons exposées nous paraît avoir pour origine les considérations suivantes :

1° ... Chaque chimiste dans son laboratoire subit quelque peu et à des degrés divers le joug de l'habitude. Il adopte certains procédés, il garde vis-à-vis d'autres une prudente réserve et cette préférence et cette réserve varient d'un chimiste à l'autre. Il y a dans ce fait un phénomène psychologique curieux et qui ne peut manquer d'éveiller l'attention des observateurs désireux de recueillir sur un même sujet le plus grand nombre de témoignages.

Or, dans le cas qui nous occupe, tous les procédés mis en œuvre sont longs et d'un maniement délicat. Pour arriver à obtenir d'une méthode toute l'exactitude dont elle est susceptible, il est indispensable de l'avoir pratiquée pour ainsi dire journellement et il est bien difficile dans un laboratoire où les loisirs sont restreints, d'acquérir une expérience complète de toutes les méthodes.

Il est bien certain, en effet, que M. Cesarò, dans l'application du procédé qu'il a longemps étudié, n'a plus l'hésitation des chimistes peu familiarisés avec sa technique. On s'en est bien aperçu lors des procès de Liége en 1911, où ses démonstrations furent lumineuses, mais où aussi la circonspection de quelques experts parut tenir surtout à leur manque d'expérience : *L'ignorance dans laquelle sont, en général, les chimistes belges des procédés cristallographiques et la routine qui les empêche de faire un effort louable : la facilité plus grande de déchirer un livre que d'en apprendre le contenu, voilà ce qui fait dire à ces messieurs : « La méthode est mauvaise », à la grande joie des falsificateurs et de leurs experts* (Dr HOTON, devant la Cour de Liége, janvier 1911).

De même, M. Coudon et les chimistes qui ont souvent eu recours à sa méthode, n'hésiteront pas dans certains cas, à conclure à une falsification à 5 % de coco, tandis qu'à Berlin, on n'oserait pas accorder à leur modus faciendi une précision dépassant 10 % et inversement bien des chimistes français hésiteraient à appuyer leurs conclusions sur la méthode de Cohn qui, très pratiquée en Allemagne, possède la faveur de bien des experts.

2° En second lieu, le degré de sensibilité des méthodes courantes varie dans l'esprit des chimistes en raison des limites qu'ils assignent aux constantes du beurre pur.

Supprimons les beurres vraiment anormaux et nous verrons la plupart des chimistes s'entendre sur la sensibilité des procédés analytiques.

Il est certain que si on admet qu'un beurre naturel peut atteindre 250 comme indice de saponification et descendre à 20 comme indice R. M., il n'est plus de méthode chimique capable de discerner une falsification grossière par la graisse de coco, mais si on envisage uniquement le beurre marchand, si on considère comme inexistants les beurres à indices déréglés, l'application des méthodes Müntz et Coudon, Polenske, Wauters, etc., suffit pour assurer une expertise sérieuse à condition qu'elle ait été complétée par l'étude des principales constantes de l'échantillon.

On ne saurait trop répéter que la pureté ou l'adultération d'un beurre doit se déduire non d'un caractère, mais d'un ensemble de caractères.

Le jugement que nous devons porter sur les conséquences pratiques de ces divergences nous semble fonction de la réponse qui peut être faite à la question suivante : *A quel taux la fraude cesse-t-elle d'être rémunératrice ?*

Il est évident que si, au-dessous de 15 % les commerçants déloyaux n'avaient à mettre en balance qu'un maigre profit contre les risques de l'emprisonnement, ils s'abstiendraient généralement. Mais il n'en est pas ainsi.

Pour le petit détaillant, la fraude est encore intéressante à 10 % : il est évident que, suivant les régions, suivant les taxes variables qui atteignent les graisses végétales et animales, ce bénéfice illicite sera lui-même variable, mais on peut considérer qu'une substitution de 1/10 de coco à 1/10 de beurre peut procurer un gain allant jusqu'à 10 francs par quintal. Au-dessous de ce taux, un commerçant de petite et de moyenne importance ne cherchera pas à frauder.

L'incorporation de 5 % de graisse de coco ne peut guère donner qu'une augmentation de bénéfice de 5 francs par quintal. Une beurrerie industrielle livrant par quantités considérables s'en contenterait-elle ? nous ne le croyons pas. L'amortissement de l'outillage perfectionné nécessaire pour obtenir un mélange rigoureusement homogène (malaxeurs, pénétreurs, etc.) diminuerait encore ce gain.

Admettons donc que 5 % soit la limite extrême à laquelle s'arrêtent les fraudeurs ! D'après bien des experts la sensibilité des méthodes chimiques est loin d'aller jusque-là.

Les considérations que nous venons d'exposer sur les méthodes chimiques de la première heure, n'ont plus guère qu'un intérêt historique.

Les travaux de MM. Cesarò et Böhmer sont, en effet, venus à point pour faire évanouir toutes les incertitudes de l'expertise au moment où la question des beurres anormaux paraissait prendre un développement dangereux pour elle.

La méthode de Böhmer semble avoir rallié la plupart des suffrages. Quant à la méthode du Professeur Cesarò, on peut dire qu'elle n'est plus discutée : elle est sortie victorieuse des objections qui lui furent opposées durant les débats des procès jugés à Liége en 1911, objections qui furent réfutées par MM. Hoton, Abraham, Cesarò.

VII

Conclusions

En entreprenant le présent travail, nous avions en vue de prouver que l'organisation économique et sociale actuelle de la France lui permettait de voir prospérer côte à côte, sur son sol, en toute liberté, ces deux grandes industries de la beurrerie et de la graisse végétale exotique.

Non seulement ce fait est possible, mais il est devenu indispensable ; il s'impose comme une loi naturelle qui arrive à son heure.

Le prix du beurre a presque doublé depuis 40 ans, et les difficultés de sa production s'accroissent encore : la main-d'œuvre se fait de plus en plus rare, l'affaiblissement de la natalité augmentera encore ce déficit : d'autre part, l'élévation des salaires, la diminution des heures de travail, l'aggravation des impôts, l'exode incessant de la population rurale vers les villes accentueront encore le renchérissement des denrées agricoles. Le beurre a cessé d'être l'aliment populaire accessible à tous. Il fallait l'entrée en scène des graisses végétales pour rétablir l'équilibre.

Cette vérité se fait de plus en plus pressante chaque jour. Aussi, nous espérons que les défenseurs trop zélés et un peu maladroits du beurre finiront par être convaincus qu'il est inutile d'apporter des entraves à l'essor d'une industrie qui répond à un besoin d'autant plus respectable qu'il intéresse la classe la plus nombreuse et la moins fortunée.

Dans cette évolution de l'alimentation à laquelle des évènements divers impriment une marche précipitée, le beurre et le coco ne peuvent pas, ne doivent pas progresser en frères ennemis. Chacun de ces deux aliments a son utilité. Ils se complètent l'un l'autre.

Toute industrie, avant de devenir irréprochable, passe par une suite de tâtonnements et de progrès plus ou moins rapides.

L'épuration de la graisse de coco a eu ce rare privilège d'atteindre à la perfection pour ainsi dire sans coup férir.

Peut-on en dire autant de l'industrie du beurre ?

Certes, des progrès appréciables ont été réalisés. Il existe de grands centres de manipulation des beurres où leur préparation basée sur des données scientifiques et sur les conseils de l'hygiène ne laisse rien à désirer. Déjà, l'hygiène, la propreté, la méthode ont pénétré dans maintes étables en France, nous acheminant vers cet état idéal que nous admirons dans la plupart des laiteries des cantons suisses.

Mais il reste beaucoup à faire.

Le lait et le beurre nous donneront toute sécurité quand on ne rencontrera plus, comme cela se voit en Auvergne, des vaches aux flancs toujours souillés, jamais nettoyés, quand dans nos montagnes on ne les entassera plus dans d'étroites étables ayant un volume d'air insuffisant, quand on ne les oubliera plus, en fin d'automne, dans les brouillards des maigres et humides pâturages du Nord, quand, ayant souci de la qualité de leur nourriture, on ne leur donnera que la quantité de tourteau qu'elles peuvent digérer sans dommage et qu'on se gardera de leur laisser à discrétion des feuilles de betteraves, comme dans certains cantons du département de l'Aisne ; enfin, quand on aura éliminé des étables les bêtes trop âgées ou tuberculeuses.

Nous nous refusons à admettre que les beurres anormaux puissent exister en quantités aussi considérables que certains l'affirment. Mais quelle que soit leur proportion, elle est encore trop forte. Il faut arriver à les faire disparaître, non pas parce qu'ils gênent l'expertise chimique, mais parce qu'ils sont la conséquence d'un mauvais état de santé des vaches, et par cela même suspects.

Dans le paragraphe intitulé : *Les Beurres anormaux devant l'expertise et devant l'hygiène,* nous aurions pu faire ressortir d'une façon plus précise les inconvénients que présentent les beurres anormaux au point de vue alimentaire. Nous reviendrons dans une étude spéciale sur cette question, nous bornant aujourd'hui à indiquer un article très intéressant sur l'hygiène du lait : *A propos de l'origine alimentaire de la tuberculose par le lait et le beurre* (Dr CORTIN, *La Médecine Pratique,* avril 1912) et les remarques sur le même sujet publiées dans la *Revue Internationale de Médecine et de Chirurgie :*

« Quelques réflexions sur l'hygiène du beurre », 25 février 1912.
« Les empoisonnements alimentaires », 25 mars 1912. Dr Ant. LORTY.

Par des voies différentes, ils aboutissent aux mêmes conclusions que nous : « Il est indispensable de réglementer la fabrication du beurre, « de l'assujettir à des conditions hygiéniques qui réduiront à néant « les critiques souvent formulées contre notre industrie beurrière « française au profit des beurres étrangers. » *Revue Internationale de Médecine et de Chirurgie,* 25 février 1912, p. 68.

L'industrie du beurre doit être relevée, améliorée et cela afin de pouvoir tenir, à côté de l'industrie des graisses végétales le rang qui lui revient.

Chaque chose a sa place. Le beurre est un aliment de choix : il est devenu la graisse chère, la graisse du riche et s'affirme tel de plus en plus : mais il faut qu'il soit préparé scientifiquement, bien lavé, exempt de microbes, constitué par des glycérides sans anomalie.

La graisse de coco, qui jouit de cette précieuse qualité d'être toujours semblable à elle-même, anhydre, aseptique, inaltérable, doit rester la graisse des consommateurs modestes, mais si, pour une minorité mieux renseignée, la graisse végétale constitue aussi une graisse de choix, parce qu'elle est d'une digestion plus facile que le beurre, parce que son coefficient d'absorption est supérieur à celui du beurre (1), parce qu'elle assure à certaines pâtisseries une légèreté et une conservation impossible sans elle, les défenseurs du beurre ne pourront trouver dans ces affirmations parfaitement exactes un prétexte à réprouver l'industrie du coco.

Nous demandons la suppression des beurres anormaux, c'est-à-dire l'amélioration de l'hygiène des étables. Est-ce d'une réalisation difficile ?

D'après les enquêtes faites par Vauters, Coudon, Vuaflart, etc., c'est surtout dans les petites exploitations, dans les fermes isolées qu'on rencontre le beurre anormal : les grandes exploitations bien dirigées généralement, n'en donnent pas. C'est donc sur les petites beurreries qu'une surveillance spéciale devrait être exercée. C'est là qu'il serait nécessaire de convaincre les fermiers qu'ils ont tout intérêt à bien soigner leurs troupeaux. Cette pratique a été réalisée en Danemark, l'Etat n'a pas hésité à confier à un service spécial la mission de perfectionner l'industrie laitière et beurrière en conseillant tous les exploitants, en réprimandant les uns, en récompensant les autres.

En attendant que ce progrès soit réalisé, la justice est suffisamment armée pour protéger les beurriers contre les fraudeurs. Nous pensons l'avoir démontré.

Aussi, pour nous, la solution du conflit latent depuis quelques années entre les deux industries du beurre et du coco se trouve dans cette formule :

« *Améliorer l'industrie beurrière, de façon que partout le beurre*
« *présente les garanties de qualités et d'hygiène que sont en droit*
« *d'exiger les consommateurs qui paient très cher un produit excellent*
« *quand il est bien préparé.* »

Quant au meilleur procédé pour faire cesser les falsifications du beurre par la graisse de coco, nous le possédons. Il est inutile d'en chercher d'autres. Il s'appelle :

« *L'expertise chimique et le Tribunal correctionnel d'abord, la Prison*
ensuite. »

Jean LAHACHE et Francis MARRE.

---

(1) Voir contribution à l'étude de la digestion des graisses animales et végétales par le Dr Pierre LARUE. — Imprimerie de la Cour d'Appel, 1, Rue Cassette, Paris, 1911.

www.ingramcontent.com/pod-product-compliance
Lightning Source LLC
Chambersburg PA
CBHW050600210326
41521CB00008B/1048